科学家在社会中的角色

一项比较研究

[以] 约瑟夫·本-戴维 著

刘晓 译　刘钝 推荐序

生活·讀書·新知 三联书店

图书在版编目（CIP）数据

科学家在社会中的角色：一项比较研究／（以色列）约瑟夫 · 本 - 戴维著；刘晓译. —北京：生活 · 读书 · 新知三联书店，2020. 7
ISBN 978－7－108－06668－8

Ⅰ. ①科… Ⅱ. ①约… ②刘… Ⅲ. ①科学社会学－研究
Ⅳ. ① G301

中国版本图书馆 CIP 数据核字（2019）第 163108 号

责任编辑 徐国强
装帧设计 康 健
责任印制 徐 方
出版发行 生活 · 讀書 · 新知 三联书店
（北京市东城区美术馆东街 22 号 100010）
网 址 www.sdxjpc.com
图 字 01-2019-5671
经 销 新华书店
印 刷 河北鹏润印刷有限公司
版 次 2020 年 7 月北京第 1 版
2020 年 7 月北京第 1 次印刷
开 本 635 毫米 × 965 毫米 1/16 印张 17.25
字 数 206 千字
印 数 0,001－7,000 册
定 价 58.00 元
（印装查询：01064002715；邮购查询：01084010542）

推荐序

科学社会学是把科学看作一种社会现象，进而考察它与政治、经济、宗教、文化、艺术等其他因素相互关系的一门知识。一般认为，作为一个独立的学科它成熟于20世纪中叶的美国，主要得力于默顿（Robert Merton, 1910—2003）及其弟子的一系列开拓性工作。默顿在科学社会学上的地位，犹如萨顿（George Sarton, 1884—1956）在科学史上的地位一样，这样说不仅是出于对两位大师学术成就的推崇，更是对他们为学科建设付出的艰辛努力表达敬意。

作为学科建设的一个重要结果，1975年在美国成立的科学的社会研究学会（The Society for Social Studies of Science，以下简称4S），现已成为包括科学社会学、科学技术研究（Science and Technology Studies）、科学技术与社会（Science, Technology and Society）等众多分支在内的一个国际性学术组织，默顿正是它的创会主席。1976年在康奈尔大学举行的4S首届大会上，本书作者本-戴维（Joseph Ben-David, 1920—1986）应邀在开幕式上做了唯一的主题演讲，默顿本人的报告则安排在大会的宴会前。

默顿是一个谦虚大度的人。英国科学家贝尔纳（John D. Bernal, 1901—1971）1939年出版的《科学的社会功能》，在我国被有些人称为科学社会学的开山之作，尽管默顿的成名作《十七世纪英格兰的科学、技术与社会》比贝尔纳的书还早出一年。不过 20 世纪 30 年代末，科学社会学的理论体系与学科规范还没有成熟，他们二人的著作都只能说是这门学科的催产剂。无论如何，在 4S 设立的几个奖项中，最重要的一个就以贝尔纳命名，自 1981 年开始每年授予一位在科学社会学领域做出重要贡献的学者。值得注意的是，默顿坚持要将第一个贝尔纳奖授予并不属于自己学派的普赖斯（Derek de Solla Price, 1922—1983），他本人则于第二年领奖，随后的三届得主依次为库恩（Thomas S. Kuhn, 1922—1996）、李约瑟（Joseph Needham, 1900—1995）和本－戴维。

请出默顿等一干大神，絮叨这些陈年往事，就是要强调本－戴维在早期英美正统科学社会学中的地位。以上提到的几位人物中间，贝尔纳和李约瑟都是科学家出身，库恩主要是一位哲学家，普赖斯主要是一位科学史家，只有默顿和本－戴维两人可以说是纯粹的科学社会学家。就学术立场和研究旨趣而言，贝尔纳和李约瑟关于科学、技术与社会的看法深受马克思经济决定论的影响，库恩对社会学的重要贡献体现在科学共同体这一观念的阐释之中，普赖斯以倡导数量分析方法为科学社会学增添了利器，默顿及其学派以结构功能主义为帜志，主要关注科学共同体内部的关系及结构、科学家的行为规范、科学奖励制度等方面的社会学问题。本－戴维则是默顿学派之外最接近默顿的社会学家，研究重心是社会中科学家的角色以及不同时代不同国家科学体制的比较，他认为科学家的工作是通过个人和国家之间的竞争而进步的。

本－戴维 1920 年生于匈牙利西北部杰尔（Gyor）城一个犹太人家庭，1941 年随父母移居以色列并开始接受高等教育，1950 年获得耶路撒冷希伯来大学历史与文化社会学硕士学位，随后在伦敦政治经济学院学习社会科学与管理学，1955 年获得希伯来大学社会学博士学位。他从 1950 年开始在希伯来大学执教直到 1986 年去世，去世前还担任该校乔治 · 怀斯（George Wise）社会学讲席教授和科学、技术与医学的历史与哲学研究中心主任。1968 年本 – 戴维成为芝加哥大学客座教授，1979 年开始担任该校教育与社会学系罗利（Stella M. Rowley）讲席教授。除此之外，他还曾在北美多所顶级名校访问讲学，包括哈佛、普林斯顿、加州伯克利、斯坦福，以及加拿大蒙特利尔大学，以致许多人误以为他是美国人。

除了大量有创意的论文之外，本 – 戴维出版了许多学术专著，包括《以色列的农业规划与乡村社群》（1964）、《基础研究与大学》（1968）、《美国的高等教育：旧路与新途》（1974），以及《学术中心：英国、法国、德国和美国》（1977）等，又与人合编文集《文化及其创造物》（1977）。然而作为英美科学社会学传统的领头人之一，《科学家在社会中的角色》（1971）一书无疑是他的代表作。

细心的读者恐怕已经注意到，本书有一个副标题“一项比较研究”，不知为什么旧的中文译本没有采纳。其实这是作者对本书主要研究方法的宣示，也是体会其学术价值的一个关键。如同库恩一样，本 – 戴维关注的重点是涉及变革和转折时期制度的演变，而不是那些平稳发展时期科学知识累积发展的细节。至于比较的对象，按照他在前言中对本书主题的概括，包括：（1）古代和中世纪知识创造者与近代科学家的不同社会角色；（2）古代和中世纪对自然现象及其规律的探索者，与其他人文学者、道德家、法律家、形而上学家和神学家的不同社会地位及影响；（3）17 世纪欧洲导致科学家从其他智识阶层分离出来的社会条件，以及 19、20 世纪导致科学职业化的条件；（4）科学的体制化在不同时期、不同国家的发展情况。

本 – 戴维在第一章首节还提到科学社会学的研究路径

（approach），旧译本将“路径”译成“方法”，眼下这个新译本对此给予更正是十分恰当的，否则读者容易与前述副题强调的“比较研究”方法混淆。平心而论，原书这一部分的陈述显得有些凌乱，可能作者为了避免开篇过于冗长，许多意思力图通过脚注加以说明——由于排版的原因，旧译本将脚注集中放在各章之后。这样，对于不够熟悉相关文献的多数中文读者来说，就不容易理解作者的真正意图了，这里有必要给出一点说明。

按照本－戴维的意思，科学社会学的研究路径大致有两条：一条是互动的（interactional），另一条是体制的（institutional）；研究对象大致也有两类：一类是科学活动本身，另一类是科学的概念及其逻辑结构。因此细分下来共有四种可供选择的研究路径：（1）针对科学活动的互动研究；（2）针对科学概念及逻辑结构的互动研究；（3）针对科学活动的体制研究；（4）针对科学概念及逻辑结构的体制研究。在本－戴维看来，直到他写作本书为止，科学社会学最重要的成果主要是经由路径（1）取得的，具体来说就是默顿学派为代表的关于科学家之间行为方式和关系网络（学术共同体，交流通信，科学文献的引用形式，研讨会的习惯，科学奖励制度，实验室的分工、协作与竞争等）的研究；采用路径（2）的基本上还没有出现，采用路径（4）的也存在着许多问题，因为没有迹象表明客观条件能够实质性地影响科学思想的内容。因此本书将采用路径（3），即对科学活动的体制化进程加以研究，具体来说就是比较分析不同国家和不同时代，那些决定科学活动水平、塑造科学家角色和职业、形成不同类型科学组织的种种社会条件。

接下来三章处理的都是西方古代与中世纪传统社会关于自然知识的智力活动，放在“比较研究”的框架中，大致对应上述比较对象的（1）和（2）。粗略地讲，我们不妨称之为第一类比较，也就是自然知识的探索者在传统社会与近代社会地位的比较，以及他们与其他智识阶层人士的比较。这里用到的主要社会学概念是“角色”（role）——所谓角色，是指具有独特功能的社会互动单位中某类人物所表现的行为、感情与动机的特定模式，这些模式只有在一定的社会条件下才被视为有意义的。举例来说，自古以来巫师与教士就关注天文学，农民掌握许多植物学的知识，动物学的知识对于猎户和牧人不可或缺，但是这些东西都没有被整理成系统的、规律性的知识，因此不能说这些人承担了古代和中世纪“科学家”的角色。在17世纪近代科学出现之前，确有一些比较接近于“科学家”角色的人物，例如古希腊的哲学家、中世纪的大学教师、文艺复兴时代的某些艺术家与人文学者，但是持久的科学活动所依赖的社会条件在任何传统社会均不存在。

有些人可能会认为古希腊是个例外，因为从希腊哲人掌握的知识的逻辑结构来看，在一定程度上可以被视为现代科学的嚆矢。本-戴维从社会角色的立场出发，认为古希腊与其他多数传统社会没有本质的区别，也就是未曾出现公众认可的“科学家”角色，那些自然知识的探索者，不是被当作“爱智者”，就是某种具有奇怪癖好的专门人士。换言之，希腊传统固有的张力，与其他传统文化一样，没有也不可能开创科学活动持续发展所需要的普遍社会认同。

谈到中世纪欧洲的教育组织，本-戴维认为起初与古代印度、中国或伊斯兰国家等其他传统社会并无不同，学生们只是跟随师傅学习神学、法律或医学等专门知识。但是13世纪以后情况发生了一些变化，在欧洲一些市镇里，学者们被纳入一种获得教会授权或世俗统治者认可、并且具有一定自治权利的法人社团，学生不再追随某位师傅而是前往一所大学去求学。一群新的知识分子通过大学实现了有限的职业自由与社会平等，他们可以根据自己的兴趣从事探索。从科学发展的角度来看，这种貌似微不足道的进步提供了自由探索的体制化条件。不过总的来说，科学在整个社会文化中还处于边缘地位，不懂自然科学知识不会影响任何学位的获取。因为大学教育的目标是向社会提供律师、公务员、神职人员和医生，所以制度上的决策必然倾向于将科学从属于一般哲学与古典学术。一个特别典型的例子是，能够阅读盖伦的经典被认为比学习解剖学和生理学更重要。

科学家角色的初步形成出现在15世纪中叶的意大利，在此之前被视为匠人的艺术家，随着市镇自治权的逐渐扩大和某些统治家族的慷慨投入，经济与社会地位都在不断提高。与他们地位改善更为关系密切的一个重要事实是，艺术家往往与建筑师、工程师、弹道专家甚至数学家的角色重合。布鲁内莱斯基、阿尔伯蒂、达·芬奇等人就属于这类多才多艺的人物。在艺术家和工程师的作品中，几何学和力学获得了新的维度和生机，这是无法从中世纪的学院生活中体验到的。对科学发展而言，更重要的是出现了一些与艺术家保持密切联系的专业学者，如帕乔利、塔尔塔利亚、卡尔达诺等。这种联系在解剖学和植物学领域表现得更为紧密。到了17世纪初，意大利还出现了一些不同于以往大学和修道院的学术机构，如猞猁学院和西芒托学院。它们多由贤明而富有的贵族或王公赞助，很多成员的兴趣集中在自然科学方面。这里不妨引用伽利略的例子：从思想方法与研究旨趣来看，他完全是一个近代意义上的科学家，只是经济和政治上还有相当的依附性，宗教裁判所能够对他加以审判并定罪就很能说明问题。总之，文艺复兴之后的意大利，城市规模仍然不大，由行会组成的团体千方百计地彼此隔离，社会也通过法律特权和传统价值观来划分等级，而处于所有政治单元顶端的教会，更拥有超越一切行会与机构的特权。

此后的第五至八章，处理的都是科学革命或近代科学诞生之后的内容。在“比较研究”的框架下，大致对应前述比较对象的（3）和（4）。沿用上面的说法，我们可以粗略地将之归为第二类比较，比较的主要内容是近代以降不同国家中科学体制化的进程。这里除了“角色”之外，另一个重要的社会学概念是“科学中心”。本－戴维强调中心的传承，而不是系统地比较欧美所有国家的科学状况。他认为，17 世纪后半叶，科学中心已从意大利转移到英格兰，法国则在 1800 年前后成为新的中心；又过了 40 年，世界科学家关注的中心转移到德国，这种情况一直持续到 20 世纪 20 年代，而后科学中心转移到美国。这样，科学家角色与科学组织的发展，就被看作某些模式从一国向别国扩散和移植的过程。从体制化的角度来看，科学组织从 17、18 世纪的科学院演变为 19、20 世纪的大学和科研院所，科学社群也从知识精英的小组和通信网络演变成强大的职业科学家共同体。

对于中国的许多专业读者来说，“科学中心转移论”似乎与日本科学史家汤浅光朝的名字联系在一起。虽然汤浅的英文文章早在 1962 年就发表在《日本科学史研究》上，本－戴维的书却完全没有提到，这也多少说明欧美学术界对非西方出版物的漠视。不过汤浅主要以科学成果的量化指标为依据，阐述了一个现象，有关动力学的讨论则付之阙如；相比之下，本－戴维关注的重点是与科学家角色出现相关的整个社会的变化，特别是导致科学体制改变的那些复杂的社会因素。两者相比，高下立见。按照本－戴维的观点，科学的体制化意味着承认精密的和经验的研究相结合是一种能够发现新知识的探究方式，它要求科学实践者在承诺向公众公布自己发现的同时，对他人的贡献予以普遍主义的评价。对于整个社会，科学的体制化要求言论与出版自由，以及宗教和政治上的宽容，并保持适当的灵活性以便让社会和文化能够适应自由探索引起的不断变革。

这些社会变化最早出现在17世纪中叶的英格兰，它们与宗教多元化共生，得益于培根等人倡导的经验主义传统，皇家学会的建立、光荣革命与君主立宪制度的完善，这些都有助于科学从业者在英格兰获得充分的尊严。直到18世纪，所有欧洲大国中只有在英格兰，人们可以宣扬变革而无受迫害之虞。英格兰的绅士科学家堪称上流中产阶级，他们一般家境殷实，社会关系优越，许多人从神职或政府职务中领取薪俸，也有人从事独立的职业。他们本身不是政客，但通常与政治领袖有直接的联系并为之出谋划策。

英格兰之后，本－戴维相继讨论了法国、德国和美国的情况，时间上与科学中心转移的脉络一致。法国大革命和拿破仑时期对学术机构的改革、巴黎几所顶尖大学的诞生，德国大学的改革及应用科学的起步、有组织的科学计划，美国的研究生院和专业院校、工业和政府资助的研究、分权与竞争等，这些攸关科学体制演变的环节在书中都得到了精辟的分析。大致来说，法国最先出现政府资助的科学院，开始聘用科学家担任各种教育和咨询职务，但是中央集权的僵化使法国在面对有组织的科学活动的挑战时显得虚弱无力，因而也就难以维系持久的辉煌。大约19世纪初叶德国出现了教学与研究相结合的大学，后来又有了与工业密切相关的研究所和实验室。20世纪初这一传统在美国被发扬光大，大学里的研究生院使教育与研究的联系更加紧密，大学与企业、军方和政府的合作导致更大规模的有组织的科学活动，竞争的压力使学校的权力从董事会和校长那里转移到系及个体成员那里。在人类智识演进的每个转折点，科学活动的中心都向那些发生社会变革的国家转移。

早在1988年，作为四川人民出版社“走向未来丛书”的一种，本－戴维的这本书就被译成中文，定名《科学家在社会中的角色》。译者赵佳苓当时供职于浙江大学，后来他也参与翻译了另一部科学社会学名著——科尔兄弟所著《科学界的社会分层》。赵佳苓是中国科学技术大学 1981 年招收的首批科学史研究生之一，指导教师是我国著名科学哲学家范岱年先生。范先生自己则于 1986 年领衔翻译出版了默顿的《十七世纪英格兰的科学、技术与社会》，同样列入“走向未来丛书”。时值改革开放不久，中国的学术园地荒芜已久，百废待兴，范先生及其弟子率先把西方科学社会学的经典介绍给广大读者，是很有眼光和魄力的。

一段时期内社会学在中国被视为学术禁地，科学社会学更是一个知识真空，当相关领域的研究者亟待补课，境外出版物与电子资料还不那么容易获得的时候，这本书的中译本就显得十分珍贵了。据我所知，许多从事科学社会学、科学史、科技政策及相关领域研究和教学的机构，几十年来一直把赵译本作为考研的指定参考读物。不过时过境迁，当年的译本无论从学术规范还是印刷质量来说都不够完美，况且出版多年市场上早已脱销。相信赵先生如果有足够的时间和精力，一定会像他的导师范岱年先生重译默顿一样，把本－戴维的这一经典打磨得更为精良的。

这一缺憾多少由眼下这个新译本补偿了。译者刘晓是中国科学院大学人文学院教授，曾在中科院自然科学史研究所随我攻读博士学位，学位论文《李石曾与北平研究院》在相当程度上涉及中国科学家的社会地位与科研体制问题。他于 2015 年调到中国科学院大学之后，由于讲授“科学技术通史”等课程的需要，深感本－戴维此书的重要性。与此同时，正值享有学术声望的三联书店决意出版一个更合乎学术规范的新译本，经本书编辑徐国强先生促成，遂得重译。与旧译本相比，新译本改进了版面设计，补上了作为附录的图和表，它们对于完整理解全书内容和追踪相关研究文献是绝对必要的。新增的名词索引则为读者检索提供了便利。

这篇序文已经拖了很久，主要是个人懒怠，精力有限。己亥本命年初，人在旅途，晨昏颠倒，与顽童嬉闹之余总算草成以上文字。还是要感谢译者刘晓令我重读一遍经典，学而习之，不亦说乎！

刘　钝

2019年3月草于大荒西地野茨庐

（现为清华大学特聘教授，曾任中国科学院自然科学史研究所所长、国际东亚科学技术与医学史学会主席、国际科技史学会主席等职，柯瓦雷奖章获得者）

Contents

目 录

前　言

本书试图描述科学家的社会角色以及科学工作的组织的形成和发展。主要探讨的是社会条件，以及一定程度的科学活动产生的影响，而不是科学知识内容的社会学。本书要解决的主题如下：

（1）在古代和中世纪的传统社会中，创造和传播科学知识的那些人的社会角色；

（2）在这些时期，为什么经验上的自然科学研究从未形成一种独特的智识角色，具有像道德家、形而上学家、法学家和宗教学问专家那样的影响力和尊贵地位；

（3）17世纪欧洲导致科学家角色从其他智识角色中分离出来的条件，以及19、20世纪导致科学职业化的条件；

（4）科学工作组织的几个主要发展阶段，如17、18世纪的科学院，19、20世纪的科研型大学，以及19世纪最后几十年兴起的研究所和工业研究实验室等。

本书从历史的和比较的视角对这些论题予以探讨。重点在于对变革和转折点的解释，而不是对于平淡的稳定状态下开展科学工作的各种方式进行说明。因此，对于诸如科学共同体的非正式结构，科学交流和评价的机制，大学、科学实验室和科研团队的社会学等话题，不另辟章节述及，仅在历史语境中作为变革的条件或结果。与科学家角色和科学组织的兴衰相联系的框架是体制性的和宏观社会学的，即不同社会中的社会分化，以及教育、政治、宗教和经济等各个系统。虽然本书的主要目标是探讨这些条件对科学活动发展的影响，但也试图阐释清楚现代社会中科学活动的产生和传播造成的影响。

我非常感谢伯纳德·巴伯（Bernard Barber）、贝拉（R. Bellah）、克拉克（Terry N. Clark）、埃尔卡纳（Y. Elkana）、艾森施塔特（S. N. Eisenstadt）以及斯梅尔瑟（N. Smelser）等提出的许多有帮助的评论和建议。在本书所探讨的多个问题的研究中，与亚伦（L. Aran）、柯林斯（R. Collins）、富兰克林（S. Franklin）和佐罗乔沃（A. Zlochower）的合作，以及富兰克林（D. Franklin）和范斯坦（K. Feinstein）提供的协助，均让我受益匪浅。耶路撒冷的希伯来大学、芝加哥大学的社会组织研究中心、加州大学伯克利分校的国际研究所，为本书所依据资料的检索工作提供了支持和便利。第四章、第六章以及第八章的早期版本曾在《密涅瓦》(*Minerva*)杂志上发表。该杂志的编辑爱德华·希尔斯（Edward Shils）提出了尖锐的批评和宝贵的建议，在此致以最诚挚的谢意。最后，同样感谢这套丛书的主编亚历克斯·英克尔斯（Alex Inkeles）的帮助和宽容。

约瑟夫·本-戴维

第一章

科学社会学

1. 科学社会学的研究路径

社会学家研究社会行为的结构和过程。然而，科学不是行为而是知识，它能够被记载、忘记和重新习得，而形式和内容保持不变。而且，科学家从事的是发现“自然规律”，它不会因人类的活动而发生变化。因此，他们不仅要面对各自思想体系的内在逻辑（如数学领域），还要接受更多的限制，即他们的体系必须与自然事件的结构相符。原则上讲，这也同样适用于社会科学家和用科学方法研究文化的学生。他们把人类的行为和创造作为客观对象进行研究，寻找可发现的规律。

科学的研究对象是自然界，科学的工具是各类思想体系，科学的发展通常被认为是一种观念的历史。这就是我们看到的通过逻辑上自洽的模型来解释自然运行的一系列尝试。若是发现模型内在的逻辑缺陷，或模型与待解释的自然事件之间不够符合，就会导致思想的更替。

1 从这种纯粹概念的观点出发[①]，科学工作中社会因素的研究便没有多少意义。但是，科学发展的许多重要方面只有通过社会的变量才能予以系统地解释。社会将价值赋予科学，乐于做出新发现而不是维护旧有传统，科学知识的传播和扩散，科学研究的组织，科学或科学活动的应用等，通常来说均属于鲜明的社会学现象。

这些思考提出了科学社会学方面文献分类的一条基本标准，即是否主张社会条件仅影响科学家的行为和科学活动，或者还影响到科学的基本概念和逻辑结构。第二条文献分类的标准，我建议使用不同作者提出的某种与科学相关的变量——无论是侧重互动的还是侧重体制的。一些作者运用互动的路径观察科学家之间的行为方式，如在实验室的工作分组与协作，科学文献的引用形式，讨论会的习惯等。体制的路径则将科学与一些变量联系起来，从科学家个人的观点看，这些变量都是既定的，例如不同国家中科学家角色的定义，科学组织的规模和结构，以及经济、政治体系、宗教和意识形态等不同方面。当然，这两种路径之间存在许多重叠。社会条件只对科学家的行为有影响，或是还能改变他们的观念，这是具有根本理论意义的问题，不过，人们还是根据探讨的具体问题来选择使用互动还是体制的路径。

因此按我们上述讨论，科学社会学有四种研究路径：针对科学活动，或科学的概念和逻辑结构，都可以分别进行互动的研究或体

① 关于支持科学思想史并反对科学社会学的一个简要的情况说明，参见 A. Rupert Hall, "Merton Revisited, or Science and Society in the Seventeenth Century", *History of Science* (1963), 2: 1-15。

制的研究。①

互动的研究路径

除了最近的一项试图完全以“研究者群体形成的共识”来定义科学的探索性工作②外，迄今还没有人试图对科学知识的概念和理论内容进行互动研究。剩下的三类研究路径，目前科学社会学中最系统和最集中的研究成果在于对科学共同体的互动研究，更具体来说，研究对象是在某些领域或所有领域工作的科学家之间的交流网和社会关系网。③这种路径最先应用在对实验室研究组的科学产出进行的

2

① 这种划分还可以进一步细化。关于探讨一般知识社会学各种可能性的系统综述，参见 Robert K. Merton, “The Sociology of Knowledge”, *Social Theory and Social Structure* (New York: The Free Press of Glencoe, 1957), pp. 456-488。

② John Ziman, *Public Knowledge: The Social Demension of Science* (New York: Cambridge University Press, 1968), pp. 1-12. 尤其“[共识]是科学建立的基本原则。它不是‘科学方法’的副产品，而是科学方法本身”(p. 9)，并谴责在“作为知识的科学，作为科学家从事的科学，以及作为社会体制的科学”之间进行区分(p. 11)。

③ Stephen Cole and Jonathan Cole, “Science Output and Recognition: A Study in the Operation of the Reward System in Science”, *American Sociological Review* (June 1967), 32:377-390; Diana Crane, “Social Structure in a Group of Scientists: A Test of the ‘Invisible College’ Hypothesis”, *American Sociological Review* (June 1969), 34:335-352; Warren H. Hagstrom, *The Scientific Community* (New York: Basic Books, Inc., Publishers, 1965); Herbert Menzal, *Review of Studies in the Flow of Information among Scientists* (New York: Columbia University Bureau of Applied Social Research, 1958), 2 vols. (mimeographed); Robert K. Merton, “Priorities in Scientific Discovery”, *American Sociological Review* (December 1954), 22:635-659; Robert K. Merton, “Singletons and Multiples in Scientific Discovery”, *Proceedings of the American Philosophical Society* (October 1961),105: 470-486; Robert K. Merton, “The Ambivalence of Scientists”, *Bulletin of the Johns Hopkins Hospital* (1963), 112:77-97; Robert K. Merton, “Resistance to the Systematic Study of Multiple Discoveries in Science”, *European Journal of Sociology* (1963), 4:237-282; Nicholas C. Mullins, “The Distribution of Social and Cultural Properties in Informal Communications Networks among Biological Scientists”, *American Sociological Review* (October 1968), 3:786-797; Harriet Zuckerman, “The Sociology of the Nobel Prizes”, *Scientific American* (November 1967), 217:25-33.

研究中。[①]随着科学开始被视为社会学意义上共同体的作品，研究热点最近也大受影响，从实验室工作组转向了包含多种研究领域的网络。[②]

1942年迈克尔·波兰尼（Michael Polanyi）最先提出这一观点，近期托马斯·库恩（Thomas Kuhn）又进行了深入阐述。[③]在库恩看来，某个特定领域的科学家会形成封闭的共同体。[④]他们探讨的问题有定

3

① Louis B. Barnes, *Organizational Systems and Engineering Groups: A Comparative Study of Two Technical Groups in Industry* (Cambridge: Harvard University School of Business, 1960); Paula Brown, "Bureaucracy in a Government Laboratory", *Social Forces* (1954), 32:259-268; Barney G. Glaser, "Differential Association and the Institutional Motivation of Scientists", *Administrative Science Quarterly* (June 1965), 10:82-97; Barney G. Glaser, *Organizational Scientists: Their Professional Careers* (Indianapolis: The Bobbs-Merrill Company, a Inc., 1964); Norman Kaplan, "Professional Scientists in Industry: An Essay Review", *Social Problems* (Summer 1965), 13:88-97; Norman Kaplan, "The Relation of Creativity to Sociological Variables in Research Organization", in C. W. Taylor and F. Barron(eds.), *Scientific Creativity: Its Recognition and Development*(New York: John Wiley & Sons, Inc., 1963); Norman Kaplan, "The Role of the Research Administrator", *Administrative Science Quarterly* (1959), 4:20-42; William Kornhauser, *Scientists in Industry* (Berkeley, Calif.: University of California Press, 1962); Simon Marcson, *The Scientists in American Industry: Some Organizational Determinants in Manpower Utilization* (Princeton: Princeton University Press,1960); Donald C. Pelz, G. D. Mellinger, and R. C. Davis, *Human Relations in a Research Organization*(Ann Arbor, Mich.: The University of Michigan Press,1953), 2 vols. (mimeographed); Donald C. Pelz and Frank M. Andrews, *Scientists in Organizations* (New York: John Wiley & Sons, Inc., 1966); Herbert A. Shepard, "Basic Research in the Social System of Pure Science", *Philosophy of Science*(January 1956), 23:48-57.

② 见 Michael Polanyi, *The Logic of Liberty* (London: Routledge & Kegan Paul, Ltd., 1951), pp.53-57。它曾在20世纪50年代被使用，见 Edward A. Shils, "Scientific Community: Thoughts after Hamnurg", *Bulletin of the Atomic Scientists* (May 1954), X:151-155，并且在20世纪60年代的科学社会学中变为一个关键概念，见 Gerald Holton, "Scientific Research and Scholarship", *Daedalus* (Spring 1962), 91:362-399; and Derek J. de Solla Price, *Little Science, Big Science* (New York: Columbia University Press, 1963)。

③ 见 Polanyi, *loc. cit.*; and Thomas S. Kuhn, *The Structure of Scientific Revolutions* (Chicago: The University of Chicago Press,1962)。

④ "共同体"一词没有区分不同种类的社会纽带。较早尝试对这些类似于科学共同体的维系宗教和社会团体的纽带进行区分并认定，见 Herman Schmalenbach, "Die soziologische Kategorie des Bundes", *Dioskuren* (1922), 1:35-105。近期关于这一问题的一般性讨论，见 Edward Shils, "Primordial, Personal Sacred and Civil Ties", *British Journal of Sociology* (1957), 8:132-134。

义明确的范围，运用的方法和工具也特别适合这项任务。他们这些问题的定义和他们探讨的方法来源于一种理论、技术和技能的专业传统。掌握它们需要通过长期的训练，训练中则事实上夹杂了即使不算道义，也算某种教导的内容。按库恩的观点，凭科学逻辑学家们制定的科学方法的规则，不足以描述科学家们的所作所为。科学家并不是忙于检验和辩驳既有的假说，以建立新的更为普遍适用的假说；而是像其他职业的人们一样，科学家理所当然地认为既有理论和方法都是适用的，并用其实现专业目标。这些目标通常不是发现新的理论，而是解决具体问题，如测定某常数，分解或合成某化合物，解释生物体某部位的功能等。在寻求解决问题时，研究者实际上把该领域既有的研究传统视为模板或范式。他理所当然地认为他的问题会有解决办法，因此他将问题视为"谜题"。

这种观点暗含的一个意思是科学隔绝于外部社会的影响，因为科学家视什么为问题，以及解决这些问题的方法，都是由他们自己的传统所决定的。传统决定了哪些问题能被提出，哪些问题则被排除，明确了行为准则和评价标准。年轻科学家要融入传统，成熟科学家则遵守传统并薪火相传。通过对传统的接受，个人进入共同体后会逐步增加成员之间的敏感度，而对外部的敏感度则降低，这也是各类共同体都具有的特性。例如，尽管面临极权式的学术主张，近代物理学在苏联和其他地方并没有区别。即使著名的遗传学之争也没有沦落到让真正的非科学标准闯入科学共同体的思想体系。毋宁说，所谓冲突，其实是一次专制政权在江湖骗子的挑唆下对科学共同体的强力镇压。因此，尽管科学被视为一种人类群体（"科学共同体"，或不同领域的专业化"共同体"）的行为，但由于该群体与外部世界高度隔绝，出于多种动机和目的，科学家生活和工作的社会性的特质遭到忽视。

因为科学共同体的规范和目标都是由科学的状况所确定，所以其社会学也相对简单。当然不是说它们的意义会因此而降低。这些共同体堪称极端情况的范例，随便施加很小的约束即可实现有效的社会控制。科学共同体包含的有趣事例之一，便是一群人因共同的目标和共享的规范聚到一起，而无须通过家族的、生态的或政治的纽带来加强他们的联系。

然而在这个库恩称之为"常规科学"的框架下，他认为不能解释科学的变革，而他正以做出解释为己任。库恩将科学的变革构想为一系列的"革命"。每个范式迟早会有穷途末路的时刻。一些谜团久拖不决，人们就会逐渐确信其在既有理论和程序的模式下无法解决。于是科学共同体内部就会产生危机，当原有途径无法实现其终极目标时，任何团体内部都会产生这种危机。这就是社会学家称之为"失范"的情况，作为社会异常和变革的背景，它曾被广泛研究过。[1]

按库恩的观点，科学与丰富的社会思潮之间的屏障在这类危机时段被打破了。在寻找全新方向的过程中，身处危机领域的科学家们会对与自己专业不相干的各种哲学思想和理论产生兴趣。关于解决问题正确方法的共识荡然无存，谁也预见不到源于某处的思想模型就会发展为新范式的开端。

科学革命概念的主要内涵在于哲学方面——显示出科学并非像通常认为的那样累积式发展，而是充满一系列截然不同且断断续续的开端、发展和衰落进程，有点类似各种文明的兴衰。这种观点走向极端，经典和现代物理学所公认的概念和解答标准之间的连续性

① Emile Durkheim, *Suicide* (New York: The Free Press of Glencoe,1952), pp. 241-276; Robert K. Merton, "Social Structure and Anomie", *Social Theory and Social Structure*, 2nd edition, pp. 131-194; Talcott Parsons, *The Social System* (New York: The Free Press of Glencoe, 1951), pp. 256-267, 321-325.

就会被全盘否定——这是一种令人难以接受的立场。[1]

革命总是不早不晚发生在范式"江郎才尽"之际，而且，革命与其他类型的变革不同，完全是另起炉灶。从社会学的角度看，上述断言让科学共同体成为社会的反常。只要假定正常情况下科学家都是按既有范式工作，就势必得出这一关于革命的极端看法。因此只有当范式实际上崩溃了，才会出现破旧立新。然而根据经验，可能有：（1）个人或群体出于在共同体中角色的不同或个体感觉的差异，对范式是否崩溃（枯竭）的看法会有所区别；（2）某些科学共同体的封闭性有差异，有的科学共同体可能与其他团体不相往来，而有的共同体之间却可能有部分重叠的旨趣和共同的成员。因此不难想象，仅仅由于科学共同体中的一小撮人感到沮丧并寻求创新，从而改变规范，导致像革命那样的根本变革。[2] 同时也显示出，照范式行事不过是科学共同体力求接近而从未实现过的一种极限状态。

5

描述这种理想的典型极限状态，对科学共同体的概念化倒是颇有用处，科学共同体可以被定义为努力按照公认和稳定的范式行事的群体。尽管实际上科学的内容有非常多的差异并时刻发生变化，假定存在范式还是有助于规定共同体的边界，正如假定存在着其他各类共同的传统，以划分民族、宗教和其他空间不明确团体的边界。

总之需要指出的是，如此构想的科学共同体，无论是探求其静态结构还是动态要素，都是严格意义上的互动研究。科学知识的增长和科学兴趣的变化，都与同领域工作的科学家网络的活动息息相

---

① Dudley Shapere, "The Structure of Scientific Revolutions", *Philosophical Review* (July 1964), LXXIII:383-394. 该手稿解决了这一困难（同时也消除了下一段提出的问题）之后，库恩的理论出现了修订版，见 Thomas S. Kuhn, *The Structure of Scientific Revolutions*, Second Edition (Chicago: University of Chicago Press,1970), pp. 176-207。修订版中的社会学解释与该文是一致的。

② 关于这些观点的详细阐述，见 Joseph Ben-David, "Scientific Growth: A Sociological View", *Minerva* (Summer 1964), 3:471-475; and Hagstrom, *op. cit.*, pp. 159-243。

关。在共同的前沿协调发展，往往体现为充分的信息交换，以及各类奖励，诸如发表并被迅速引证、按成就的客观指标予以承认和尊崇等。而科学共同体全部或部分地（更常见）更换兴趣和目标，往往与互动和交流的崩坏相关。这些崩坏由不同的情况造成，有些仅仅是共同体网络规模过大而网络不堪重负，有些则是根本性的革新，这反映了部分或整个共同体目标的既有传统捉襟见肘。

体制的研究路径

科学的互动研究集中在解释科学家的行为和活动上，而鲜有触及科学知识的内容，但体制研究的传统对后者大加青睐。关于科学知识内容的一种体制性解释直接与科学革命的概念联系起来。正常情况下科学内容是由既有的科学传统确定的，但当更为根本的科学变革发生时，传统被部分推翻。学科的封闭性和特殊性被打破，外部影响直接作用于科学共同体。当然，这些外部影响仍有可能来自科学。人们对某些现象的研究表明，某一领域的传统可能深刻地改变另一领域的既有传统。例如，物理学领域形成的方法可以应用于化学分析，而化学方法则可能用于理解生理学进程。

然而我们也已确信，导致根本科学变革的观点常常源于一般的、非科学的形而上学思辨。因此仅凭科学思想和经验检验的内在逻辑，无法解释从亚里士多德的物理学到牛顿物理学，或从经典的牛顿物理学到近代物理学的转换。新理论并未隐含在先前的理论内部。还不如说，前面两个例子中新物理学发展的前提条件是：（1）伴随着对广泛的基本哲学问题兴趣的增长，既有的自然观被抛弃；（2）新兴的科学观（或相关部分）使用的概念和方法不同于旧科学观。在此类情况下，根本的科学变革将科学卷入了更广阔的思潮中。

这种观点最具影响的源头是亚历山大·柯瓦雷（Alexandre

Koyré)，他探讨了柏拉图哲学对创建经典（牛顿）物理学的影响。他的解释是，经典物理学的兴起是哲学上反亚里士多德运动的重要部分。[①] 近代物理学、电磁理论以及热力学的产生，同样可做类似的解释。据说法拉第（Faraday）和奥斯特（Oersted）都受自然哲学的整体观影响而产生电磁场结构的思想，亥姆霍兹（Helmholtz）的能量守恒概念也是受康德的影响。[②]

所有这些并未包含对科学的外部影响。自 17 世纪以来，哲学在很大程度上试图探索科学的逻辑基础，应用科学原理解决道德问题，或按是否运用科学逻辑来划分不同的领域。由于这种哲学经常受到科学的影响和挑战，所谓“哲学影响科学”有时难免颠倒了。[③]

但社会学中有一门所谓的知识社会学，声称社会群体的观点和意图，与哲学、法律和宗教（或意识形态）的思想体系之间，存在着有规律的联系。尽管自然科学不涉及人类的事务和经验，也没有被看作由社会的观点和意图所直接决定，却被科学暗中默认的哲学前提间接决定。[④] 按这种思想倾向，社会决定科学，须满足：（1）时兴哲学的概念结构与社会状况的变量之间，存在着系统的联系；（2）这些哲学和科学之间存在系统的联系。需要强调的是，上述两种联系必须是成系统的，即有规律和可预言的。偶然的影响可以为历史研究提供选题，却不能满足科学社会学。

7

① Alexandre Koyré, *From the Closed World to the Infinite Universe* (New York: Harper & Row, Publishers, Incorporated, 1958).

② Pierce Williams, *Michael Faraday* (London: Chapman & Hall, Ltd., 1963), pp.60-89. 关于热力学，见 Yehuda Elkana, *The Emergence of the Energy Concept*, doctoral dissertation, Brandeis University (Ann Arbor, Mich.: University Microfilms, Inc., 1968, No. 68-12, 434)。

③ 关于 19 世纪这些相互影响的系统考察，见 Stephen Brush, “Thermodynamics and History”, *The Graduate Journal*, Vol. 7:2 (Spring, 1967), pp. 477-565。

④ 这种方法在 20 世纪 20 年代流行于苏联一些哲学家和科学家之中，见 David Joravsky, *Soviet Marxism and Natural Science, 1917-1932* (London: Routledge & Kegan Paul, Ltd., 1961)。

然而这些联系看上去没有一个是系统的。让我们思考一个最著名的关于哲学内容和社会结构之间关系的看上去最合理的假说，即自由主义作为一种社会哲学，与有权势的商人阶级（资产阶级）的存在有关。该假说通常的陈述形式太过普通，近乎无意义。资产阶级的定义中就已包含了自由主义（资产阶级自由主义），因此存在这种联系令人毫不意外。[①] 但从这种概括中我们有可能提取一些特殊的可检验的联系。如其中一个联系强调，自由哲学中个人主义和理性主义，来源于商人们对可计算性的兴趣以及根据经济交易来定义人们之间关系的兴趣。因此，涉及资本主义经济，就会倾向用原子论的方式来看待社会，所有个人的全部行为都基于对手段和目的的思考。不像沉湎于传统和群体原始经验的有机体，组织优先于个人，里面的个人仅是组织的一部分。[②]

如果这个假说是正确的，个人主义哲学将有利于那些提升商人利益的政策（至少与之一致），而商人也会喜欢那些哲学。但事实并非如此。最早和最重要的个人主义哲学家之一托马斯·霍布斯（Thomas Hobbes），是绝对君权的鼓吹者。与他相反，18世纪最重要的经济学家，也是确定无疑的个人主义哲学家亚当·斯密（Adam Smith）却认为，永远要提防商人们谋求他们的垄断特权。这应该足以严重质疑所谓“阶级偏见最终决定哲学家观点”的猜测。也没有证据表明商人系统地热爱个人主义（诸如此类）的哲学。他们只对利润感兴趣，愿意支持任何看起来能增加获利的政策。他们的支持通常基于非常短期的盘算，而非基于哲学。

---

① Karl Mannheim, *Ideology and Utopia* (London: Routledge & Kegan Paul, Ltd., 1946), pp. 108-110.

② 这一观点最有影响力的来源是卡尔·马克思，见 Karl Marx and Friedrich Engels, *The Communist Manifesto* (Harold J. Laski, ed.) (London: George Allen & Unwin, Ltd., 1954)。关于马克思主义观点更详细的阐述，见 George Lukacs, *Geschichte und Klassenbewusstsein* (Berlin: Der Malik Verlag, 1923), pp. 102-103, 144-145, 148-149。

近代集体主义哲学也同样很难与阶级的利益和观点联系起来。这些哲学主要源于卢梭（Rousseau），他是影响法国资产阶级革命的伟大知识分子之一。后来，集体主义出现在德国黑格尔和法国博纳尔德（Bonald）、迈斯特（de Maistre）等人的保守想法中。隔了一代人，又在孔德和马克思的哲学中重现。

因此，阶级利益看起来与哲学的概念和方法没有什么联系，即使看似应有联系的所谓意识形态领域也不例外。[①] 哲学家们致力关注的具体社会或文化问题，倒是有可能与周围的社会现实存在某些联系。可即使真的如此，这种联系也是琐碎的。除了完全演绎的数学领域之外，人们将观察到的现象加以理论化。在社会思想中，不久之前多数人的所见还不过是近在咫尺的周边环境。现在由于民调技术、系统汇编的统计数据，以及背景迥异的观察者对社会情况的观察，就连这点限制也大为减少了。

这并不是否认哲学家偶尔受其社会倾向的影响。但通常只是几个浅陋哲学的事例，往往是一种附带性说明，而与其他优秀哲学家的哲学理论部分关系不大。有几个事例可以说明。霍布斯的原子论模型，就是试图借自然哲学的模型来分析社会和政治的崩溃。他的解决方式也许反映了他自己的倾向。但倾向完全相悖的人，如约翰·洛克（John Locke），可以将基本相同的哲学模型用于截然不同的政治社会的概念化。观点不是新的，但其系统性应用可能受到时兴物理学理论的影响，以及受其分析非家族主义和无宗教的社会中经济和政治进程的有效性的影响。 9

再看另外一个例子，对马克思哲学的最佳解释可能是：一个黑

① 在马克思的历史著作中，他认识到人们实际的行为和他的理论并不一致。为了解决这一困难，他解释道，某种阶级利益的哲学代表，并不一定属于这个阶级，他们只是表达了反映某个阶级活动的观点，见 Merton, "The Sociology of Knowledge", *op. cit.*, pp.463-464。

格尔派哲学家（从未忘掉在学校里学到的哲学）试图使其哲学吸收另一完全不同类型的智识传统（英国经济学）。考虑到马克思的知识背景，这对他来讲是一个重大而不可或缺的问题，为寻求解决方案，他要利用他所能观察到的一切。同他所掌握的经济学理论一样，在这些观察中，劳工问题赫然呈现。最终马克思个人的职业开始与先前兴起的社会主义运动紧密联系在一起。但他的哲学是否代表了工人阶级的实际利益，至少是一个存在争议的问题。而且确实没有证据，甚至也没有理由相信，任何马克思主义之类的哲学会在英国或法国这样拥有强大的产业工人阶级和社会主义运动的地方出现。因此可以确定，黑格尔哲学和英国经济学是马克思哲学的必要前提，产业工人的经济状况是马克思哲学要处理的观察之一。但这绝不说明，马克思哲学的基本概念、方法或理论的产生，与任何重要的阶级或政治上的利益有任何关系。

如果上述论证无误，那么社会结构和哲学之间可能的联系就会大大减少。这些联系可能包括将既有理论应用于特定社会的尖锐问题。或者出现相互竞争的理论时，选择一个与问题更相符的理论，也体现了这种联系。最后，当人们试图理解一种局面，而既有概念捉襟见肘时，所做的任何理论修正或理论创新，都属于这类联系。因此即使可以说哲学的思辨体系曾系统地影响了科学，在多数情况下也不意味着社会对科学存在有系统的影响。哲学讨论的大量内容都反映一些社会条件，但在各种哲学概念和理论层面极少反映（若有，也是一些久远的社会条件）。不管怎样，能够影响科学的是概念和理论的结构，而非内容。

而且，即使这一结论不正确，哲学是社会条件的反映，哲学对科学的系统性影响仍是值得商榷的。前面提到的自然哲学的例子可以说明这一点。这种哲学可能真的影响过某些科学理论，但无论是科学家对它的选择，还是它对科学家工作的影响，都无法归因于任何系统性的因素。如果说自然哲学在物理学中显得硕果累累，那也是因为当时物理学的内部状态正好需要某些整体论方法来解决若干问题。但这并不意味着自然哲学提供了实际的概念和方法。[①] 法拉第和奥斯特仅在一定限度内使用哲学的观点，即它们有助于扫清被视为近乎封闭和完备的物理理论的进步障碍。要是他们试图在物理学和自然哲学之间建立某种系统的连接，必将和所有那些尝试者一样，遭遇沮丧的失败。实际上，企图系统地应用自然哲学已导致德国生物学的失败（其发展被自然哲学的统治严重阻碍了大约 20 年），并且损害了多地的化学家。[②] 只有科学家们放弃了自然哲学，这些领域才得以发展。 10

达尔文的进化论是 19 世纪中期生物学最重要的创新，社会思想对其影响能够被明确追溯，它重点运用了经济学家们（特别是马尔萨斯）提出的竞争和选择的观点。[③] 这些观点源于一种社会的个人主义模型，与 17、18 世纪的分析原子论哲学有关。因此在同一时期，当整体主义哲学看似激发物理学新思考时，生物学和化学则从原子论哲学得到丰富的灵感。这说明哲学对科学增长是否有用，取决于：(1) 某门科学的状况，而非社会事务或精神文化的某种常态的基本状况；(2) 科学家要能明辨哲学思想的使用范围，它取决于科学专业的内在问题。

因此可以断定，尽管意识形态的偏见（无论是否由社会决定）曾

---

① 康德的哲学也许确实包含有用的概念，但是这些概念都是直接得自于自然科学并且与其相关。因此，它们并不能被认为是影响科学的外部因素，见 Elakana, *op. cit.*。

② Richard Harrison Shryock, *The Development of Modern Medicine: An Interpretation of the Social and Scientific Factors Involved* (London: Victor Gollancz, Ltd., 1948), pp.192-201; Wilhelm Prandtl, *Humphrey Davy-Jons Jacob Berzelius Zwei Chemiker* (Stuttgart: Wissenschaftliche Verlagsgesellschaft M.B.H., 1948), pp.117-253.

③ 然而，关于这种影响的条件，见 Gertrude Himmelfarb, *Darwin and the Darwinian Revolution* (Garden City, N.Y.: Doubleday & Company, Inc., Anchor Books, 1962), pp.159-167。

导致科学走入死胡同，哲学的假设作为科学鲜活传统的一部分，是由科学家们从许多竞争性哲学中选择出来，用于解决特殊的科学问题，而不是为了任何社会决定的观点或动机。科学家借鉴哲学的观点或猜想，以从新的角度看待问题，但并不接受哲学的体系。

最后，社会形势通过聚焦某些学科，可能影响科学的进程（如同社会思想的进程）。特定的政治和经济压力将科学家的精力导向某些重要的实际问题，但其影响远远小于我们通常的设想。大概最好的例子是苏联在过去 50 年中在指令科学方面做出的巨大努力。这些努力造就了大批科学家，使国家科研活动的整体水平有所提高。但毫无迹象显示，选择性地发展某些领域的做法，创造出了一种与别国不同的科学。苏联物理学的卓越成就，可以佐证将注意力集中于军事上重要领域的成功。然而，苏联物理学与其他物理学并无区别，所有政府可能优先发展的领域，都是学科在通常状态下相对具有高效开发潜力的。在植物遗传学之类的领域，科学无法给出想要的结果，而经济学领域的结论又往往与政治意图不一致，若是强迫科学家做出结论，只会导致科学的衰落和停滞。[①] 因此尽管社会能够通过提供或撤销对科学（或部分领域）的支持来加速或阻滞科学的增长，但其操控进程的能力相对有限。这一进程是由科学的概念和个人的创造性决定的，遵循自身法则，而不接受任何命令或收买。

知识社会学的另一个趋向是通过专门技术作为媒介，寻求建立经济和科学之间的联系。按这种观点，经济向技术布置任务，而接下来技术又向科学抛出问题或提供解决方法。[②] 例如，似乎可以找到

① David Joravsky, "The Lysenko Affair", *Scientific American* (November 1962), CCIX : 41-49.

② Boris M. Hessen, "The Social and Economic Roots of Newton's Principia", in George Basalla (ed.), *The Rise of Modern Science* (Boston: D. C. Heath and Company, 1968), pp.31-38; Edgar Zilsel, "The Sociological Roots of Science", *American Journal of Sociology* (January 1942), XLVII:544-562; J. D. Bernal, *The Social Functions of Science* (London: Routledge & Sons, 1939).

16 世纪和 17 世纪天文学革命与同期对航海问题的关切之间的联系，正如在最近几十年的世界大战和“冷战”与核物理、空间探索的发展之间也存在着明显联系一样。尽管客观条件改善了科学家的供给，并因此加快了相关领域的发展，但没有任何迹象表明客观条件能实质影响到科学思想的内容。就连以实用为目的而对特定类型知识的需求，与任意国家相关科学活动的数量之间存在着简单联系，也受到一些质疑。例如，在新天文学兴起时，西班牙人和葡萄牙人率先扬帆远航，却对天文学的发展贡献甚微。而近乎内陆的波兰人和德国人则唱起了主角，因为哥白尼与开普勒的思想奠定了科学革命的框架。

12

类似地，核研究的发展也不是技术需要的产物。“二战”期间核研究在德国相对落后，与西班牙 - 葡萄牙天文学衰落的部分原因是相同的。两个例子中，科学型革新之所以未能发展，是因为国家不能给予科学家必要的条件以保持其自主性。技术上出现对科学革新的需求，并非产生科学革新的充分条件。无论如何，制造原子弹所必需的核物理进展，在真正制造原子弹的计划之前即已经完成。甚至该领域所需的研究组织的形式，也已在 20 世纪 30 年代出现过（劳伦斯在伯克利）。自“二战”以来，由于原子研究开创了许多实际的用途，获得资助的亚原子粒子的研究猛增。但这种烧钱研究的成果至今还没有现实的应用，这也表明实用目的与科学理论之间的联系是多么微弱。

不像科学与哲学之间的联系，科学与技术之间的联系是互惠互利的——技术的需要不时以不可预料的方式影响科学思想，科学也不时以不可预料的方式影响技术。[①] 事实比看上去更加平淡无奇，因为毕竟技术应用取决于盈利能力。所以实用知识的产生并非技术开

① Jacob Schmookler, *Invention and Economic Growth* (Cambridge, Mass.: Harvard University Press, 1966).

发的充分条件。它只是创造了一种利用的机会，但它无法决定何时（除非是其下限）何地发生。而且，相当一部分的技术发明不是基于科学知识，而是直觉和实践经验。

技术通过发明和生产仪器设备为科学提供机会。如同工业生产一样，科学研究也需要工具。为科学设计的工具也可能用于技术的目的，反之亦然。而且，某些科学仪器只有发达的工业才能制造，只有大型经济才能提供支撑大科学所需的投资。这些联系是不言而喻的。但所有这些联系都没有显示科学思想为经济利益所决定，无论是直接的还是以技术为中介。

小　结

我们已看到，尽管存在着对科学活动进行互动性社会学研究的可能性，但要对科学活动中的概念和理论内容进行互动或体制的社会学研究，则几近不可能。因此本书将采用其中可行的路径，对科学活动进行体制的社会学研究。[①] 在不同国家和不同时代，我们将考察那些决

13

---

① 这方面的论述同样可参照 Barber, *Science and the Social Order* (New York: The Free Press of Glencoe, 1952); Joseph Ben-David, *Fundamental Research and the Universities* (Paris: OECD,1968); Diana Crane, "Scientists at Major and Minor Universities: A Study of Productivity and Recognition", *American Sociological Review* (1965), 30:699-714; Renée C. Fox, "Medical Scientists in a Château", *Science* (November 5, 1962),136:476-483; Renée C. Fox, "An American Sociologist in the Land of Belgian Medical Research", in P. E. Hammond (ed.), *Sociologist at Work* (New York: Basic Books, Inc., Publishers, 1964), pp. 345-391; Robert Gilpin, *France in the Age of the Scientific State* (Princeton, N.J.: Princeton University Press, 1968); Norman Kaplan, "The American Behavioral Scientist (1962), 6:17-21; Robert K. Merton, "Science, Technology and Society in Seventeenth Century England", *Osiris* (1938), IV: 360-632; Parsons, *op. cit.*, pp. 335-348; Don K. Price, *Government and Science: Their Dynamic Relation in American Democracy* (New York: New York University Press, 1954); Don K. Price, *The Scientific Estate* (Cambridge, Mass.: Harvard University Press, 1965); Derek J. de Solla Price, *Little Science, Big Science* (New York: Columbia University Press, 1963); Norman W. Storer, *The Social System of Science* (New York: Holt, Rinehart & Winston, Inc., 1966); Alvin M. Weinberg, *Reflections on Big Science* (Cambridge, Mass.: M.I.T. Press,1967)。

定科学活动水平、塑造科学家角色和职业、形成科学组织的各种条件。

2. 科学与经济

在进一步讨论之前要讲清楚的是，体制的社会学研究是如何与科学经济学发生关系的。毕竟诸如"科学活动的水平"、职业和组织的重要方面都离不开经济资源。这似乎意味着对这些问题进行任何社会学探讨都将明确地涵盖经济条件。然而，就我们研究的绝大部分而言，经济条件可以看作既定的因素。这样做有若干理由。

为了从经济交换的角度研究一项活动（本案例中是科学），必须区分供给方和需求方。但在 17 世纪前，科学只是一种规模很小的活动。通常不过是个别人在私下里偶尔对天空做些观测，以解释星体的运动，观点交流也是在朋友之间非正式地进行，这些朋友有的志趣相投，有的在其他领域开展一些类似的业余活动。因此要以这一阶段的科学活动作为经济学分析的对象，无异于分析私人祷告或邻里传闻一样寡然无味。

直到 17 世纪后半叶，对科学的社会需求才开始显现。自此，在科学方面的经济投入大致上持续增长，一般而言，科学也成为国民经济的组成部分。正是这个原因，科学活动出现在那些经济上领先的国家，而不是其他地方——一定水平的财富是它产生的必要条件，但非充分条件。而且，现代科学产生以来，不同国家在科学上的贡献大小也很难用其财富（基于一定水平之上）的多少来解释。 14

虽然可能找不到令人满意的衡量科学贡献的方法，但我们还是可能辨别出首先兴起于 16 世纪的现代科学生态的轮廓。通过分析有关科学的著作，以及进修生和研究者们的行踪，可以明显看出，科学活动从开始就趋向于不均衡地聚拢在某个地区。直到17世纪中期，一切科学研究的中心是意大利[①]，但17世纪后半叶科学中心转移到英格兰，每个热衷科学的人都写到或谈及那里的有利条件。[②]然而，由于法国的发展紧随英格兰之后，巴黎在1800年前后成为毫无争议的中心。科学家人人阅读和听说法语，前往巴黎学习、研究，哪怕只是去拜见领域中闻名遐迩的人物。40年后，全世界科学家聚会和培养的地方转移到德国，德国作为科学中心的地位持续到20世纪20年代。[③]然后，科学中心转移到美国，英国继续保持第二的位置。[④]

尚无令人满意的方法对上述情况进行量化，例如通过科学进修生的出国留学时间或许能较为精确地反映这些转移。在20世纪，诺贝尔奖获得者的分布看起来也是一个定位研究中心的指标。其他一些指标，诸如出版物、科学发现以及科学家的数量等，汇总后也能反映早期转移的情况（见附录）。

将科学活动地理上的迁移与历史上不同国家的财富数据进行比较，无法说明科学增长是经济增长的必然结果。即便科学中心从意大利转移到英格兰，可能与这两个国家在经济上的位次变化有关。但在整个16、17世纪的西班牙和葡萄牙找不到与它们经济地位相称的科学发展。19世纪早期的法国、19世纪中期的德国在科学上的支

15

---

① Harcourt Brown, *Scientific Organizations in Seventeenth Century France (1620-1680)* (Baltimore: The Williams & Wilkins Company, 1934), pp. 3-6.

② *Ibid.*, pp. 119-128, 145-147, 216-217. 这些内容包含了对17世纪法国一些宣传册页的描述，这些册页旨在让公众认识并支持科学。所有的宣传册页都将英国当作楷模。

③ H. I. Pledge, *Science Since 1500* (London: H.M. Stationery Office,1947), pp.149-151; Donald Stephen Lowell Cardwell, *The Organization of Science in England: A Retrospect* (London: William Heinemann, Ltd.,1957), pp.50, 106, 134-136.

④ Charles Weiner, "A New Site for the Seminar: The Refugees and American Physics in the Thirties", in *Perspectives in American History*, Vol. II,1968, pp.190-223; Ben-David, *Fundamental Research and the Universities.*

配权，也都看起来不是经济位次的体现，而直到过了70年左右，美国的科学位次才和它在世界富国中的位次相称。①

地理上的迁移表明，在经济的和科学的增长之间可能存在着一些联系，但不是直接的联系。更为可能的是，这两者的联系是通过一种共有的根本特性，如人才、社会进步的动力，或其他类似的特性。财富当然是开展研究所必需的。但在20世纪50年代以前，所有国家在研究方面的投入都只占其经济中微不足道的一部分，因此任何富国都能够轻松地参与竞争（见附录）。

从附录表8可见，直到今天对这种观点的质疑仍不绝于耳，即在科学方面投入多少人力和资金，就意味着产出多少科学成果，特别是高质量科学成果。当然，对于这个由工作人员的质量和训练起决定性作用的行当来说，这种质疑不足为奇。

3. 本书概要

以上思考为本书探讨的问题扫清了障碍。第二、三、四章将在

① W. A. Cole, "The Growth of National Incomes", in H. J. Habakkuk and M. Postan (eds.), *The Cambridge Economic History of Europe* (New York: Cambridge University Press, 1966), Vol. VI, pp.1-55. 普赖斯（Derek J. de Solla Price）的尝试性工作《衡量科学的规模》（"Measuring the Size of Science"，1969年11月2日在以色列科学院的讲座，未发表）表明，不同国家在世界经济中所占份额，与其科学论文和多产科学家的份额之间呈现良好相关性。但这仍然不能作为一种因果关系的证据。研究结果可能表明科学和经济之间出现了这种因果关系，但它们也可能是科学中心普遍流行模式的更广泛和更有效扩散的结果。由于社会条件，中心出现了一定的层次和一定形式的科学活动。由于该中心影响世界各地的科学家，他们将其用作各自国家科学组织的模范。但是科学家们只有在他们国家财富决定的限度内，才能成功地仿效中心模式，因为他们难以说服本国政府投入科学上的花费比模范国家投入科学上的钱更多。因此，每个国家在科学上的花费所占国民生产总值的百分比是相同的，这不是由经济活动所决定或是由科学所决定，而是因为所有国家都效仿同一个科学中心国家的做法。

各种人类社会中考察究竟哪些条件阻碍了科学成为一种具有社会价值的活动。只有一种相当晚近的社会例外，我们也将考察这个社会中能够产生科学的条件有哪些。①

这几章运用的主要社会学概念是“角色”（role）。它是人类作为具有自身独特功能的社会互动单位，所持有的行为、感情与动机的模式，这些模式在一定情形下被视为正当的。这一概念意味着人们理解某个角色中行动者的目的，并能够对其回应和评价。一种社会活动，即便行动者更新换代也能够长期持续，靠的是实施这种活动的角色的出现，以及若干社会团体对这些角色的理解和正面评价（“合法性”）。②若是没有一种被公众认可的角色，这种特殊活动所涉及的知识、技能和动机就很难有机会得到传播和扩散，也很难定性为独特的传统。

16

因此，虽然有人对天象的规律性感兴趣，对动植物的特性或是其他今天被定义为科学的问题感兴趣，但本质上并不能产生科学的传统。只要这些兴趣不被视作某种角色的必备部分，就根本不会产生任何传统。只有这些知识被看作不同角色的组成部分，传统才能出现：天文学是教士角色的组成部分；有关植物的知识合乎农民身份；动物知识则对于猎人和牧民不可或缺。但这些知识并没有被归结为抽象定律，甚至不属于任何定律，因为它们仅仅被看作技术上的资料，而不是理性思考的。

因此，第四章的讨论将展示与理解自然事件有关的这些分散的兴趣和活动，是如何演化成为公众认可的科学的角色。

---

① 对这一问题的社会学方面所进行的初次系统性研究，见 Merton, *op. cit.*, 1938。这个论题的历史文献十分丰富，近期的总结见 Marie Boas, *The Scientific Renaissance: 1450-1650* (New York: William Collins Sons & Co., Ltd., 1962)；以及 A. Rupert Hall, *From Galileo to Newton, 1630-1720* (New York: William Collins Sons & Co., Ltd., 1963)。

② Ralph H. Turner, “Role: Sociological Aspects”, *International Encyclopedia of the Social Sciences*, Vol. 13 (New York: MacMillan and The Free Press of Glencoe, 1968), pp. 552-557.

一种新的社会角色产生于更为广阔的社会环境。根据此处给出的定义，其“产生”意味着一次社会价值观的改变。就科学家角色而言，价值观改变是指通过逻辑和实验来寻求真理，能够被社会认可为一种值得做的智力上的工作。这就修改了哲学和宗教的权威，提升了技术性知识的尊严，从总体上创建了关乎学术自由的概念和规范，并最终深远影响了几乎所有的传统社会的布局。因此，科学家角色的出现，是与调整文化活动的规范模式（“体制”）的改变相联系的，也（随后地、间接地）与其他一些社会活动的改变相关。这种体制上的变革，和科学家角色的出现一样，都首先发生在英格兰，将在第五章中予以讨论。

这些前史为科学组织和科学共同体的发展开辟了道路。科学组织从 17、18 世纪的科学院演变为 19、20 世纪的大学和研究机构，科学共同体从知识分子的小组和网络演变为强大的职业科学家团体。这些是第六、七、八章探讨的主要问题。

17

最后这个问题，我们将通过三个案例研究来探讨，即法国、德国和美国科学组织的发展。通过这些章节来解释科学中心依次从英国到法国，再到德国、美国的转移（从意大利到英国的转移在第五章中已经讨论）。

聚焦科学中心问题的理由是它们在科学活动的增长中起到决定性的作用。这种情况的出现，原因是一个国家的科学研究以多大规模、什么类型开展等问题，一般情况下很少根据那些通过研究能够取得的社会目标而决定。因为即使今天，尚无法确切地知道不同数量和种类的研究（区别于“发展”）与不同社会目标（例如被认为是科学造成的技术进步、经济发展、军力提升等）的实现之间的联系。[①] 同

① 关于这一问题进一步的讨论，见 Derek J. de Solla Price, “Is Technology Historically Independent of Science?”, *Technology and Culture* (Fall 1965), VI:553-568; Schmookler, *op. cit.*; Ben-David, *Fundamental Research and the Universities*, pp.55-61。

样也没有令人满意的方式弄清从事科学工作的社会结构（职业类型；角色定义；实验室 / 系 / 大学与研究的组织；训练和研究的国家体系）与不同数量和种类的研究之间的关系。

科学活动的水平和形式因时而异，因地不同，从而是以一种自然选择的方式发展。尽管最近有些制定国家层面科学政策的尝试，但到目前为止，实际的进展仍取决于那些与科学直接相关的人士采用的尚不系统的动议和战略。这些与科学直接相关的人士，包括科学家、与科学家合作或竞争的其他知识分子，以及为了自己或设想的若干公私利益而资助科学的人。这群人的主要目标是科学，或许还有更广泛的智力追求。[1] 但他们能做的事情，受其经济条件以及政治、宗教和其他因素的制约。这些制约因素决定了社会的结构，如科学家角色的定义，以及这群人能够建立什么类型的科学组织去实现他们的科学目标。通常他们尽量选择可用的模式，只在很少情况下才创新结构。他们根据各自社会中既有力量的分布，而针对这些社会结构来设计战略。

18

这一进程的任何步骤都可能出错。经济利益，其他因素的制约，或不良的模式，加之贫乏的想象，都容易确立不符合科学研究的结构。即使结构选择得当，出于这样那样的原因，战略也不一定能够奏效。但这些结构存活下来的方式令人联想起进化论。当结构与生态环境相得益彰时，结构就会繁荣并扩散。[2]

这个进程应该为科学活动创立一些可供选择的社会结构。但我

① 有关知识分子的社会学，见 Theodor Geiger, *Aufgaben und Stellung der Intelligenz in der Gesellschaft* (Stuttgard: F. Enke, 1949); Logan Wilson, *The Academic Man: a Study in the Sociology of a Profession* (Fair Lawn, N.J.: Oxford University Press,1942); Florian Znaniecki, *Social Role of the Man of Knowledge* (New York: Columbia University Press,1940)。

② 关于生态方法的阐述和实例，见 Sir Eric Ashby and Mary Anderson, *Universities: British, Indian, African; A Study in the Ecology of Higher Education* (London: Weidenfeld and Nicolson,1966)。

们的进化论比喻也有局限。虽然科学家角色是从一个国家移植到另一个国家的，但它仍保持着和发源地的联系。通过一个知识分子组成的网络，科学得以交流和学习，这些知识分子还起到角色模范的作用，将科学带向远方的同时也复制了这些模范。因此它们与发源地的联系没有被切断，科学向边远地区的移植形成了一个围绕中心的连绵外延。这种移植的深入发展，不仅取决于周边的环境，更取决于随传播进程而出现的国际共同体的新环境。

由此，必须修改进化论的模型。在每一个时期，那些暂时成为科学中心的国家，其科学工作的社会学与其他地方的科学社会学是有所不同的。在那些科学中心—— 17 世纪后期的英格兰，18 世纪的法国，19 世纪的英国，以及目前的美国——科学的社会结构的发展基础，一是先前其他中心的模式，一是与新中心的优势条件相联系的创新。而中心之外的其他地方，往往只会出现对中心的回应、模仿、抗拒或竞争。由于全世界科学共同体具有统一性，边缘国家的成员们就以科学中心的条件作为参照标准，筹划自己的工作条件。

以这种看待智力活动社会学的方式作为理论根据，科学家角色和科学组织的发展，就成为某些模式从一国向别国的扩散和移植过程。这也解释了我们为什么强调中心的传承，而不是系统地比较所有国家的科学状况。[①]

19

如以上讨论所示，中心的传承必须从两个不同的角度来研究。一是对科学的支持水平。这点可以反映科学家和（或）其支持者是否成功激发了广泛阶层人群的科学兴趣。这种兴趣能够让年轻人提

① 关于中心的概念，见 Edward Shils, “Centers and Periphery”, in *The Logic of Personal Knowledge, Essays Presented to Michael Polanyi on His Seventieth Birthday March 11, 1861* (London: Routledge & Kegan Paul, Ltd., 1961), pp. 117-130; Edward Shils, “The Implantation of Universities: Reflections on a Theme of Ashby”, *Universities Quarterly* (March 1968), pp. 142-166。

高学习科学的动力，也让富裕阶层把部分休闲活动转移到科学上来。直到约 1830 年，直接对科学本身的兴趣才成为科学活动生态中的充分理由。科学中心的地点——首先在英国，然后在法国——就是那些自发从事研究的人们所努力的直接结果（第五、六章）。

另一个研究科学中心的角度是科学研究的组织和系统是否适当。这点从 19 世纪中期开始就成为科学活动的一个重要决定因素。该问题一部分属于组织社会学领域，本书将略为提及。但是，诸如不同社会中形成（或选择）科学体系、组织形式和角色定义的战略，科学体系的运行，从科学活动的水平以及对科学的支持两个方面看科学体系的效果（与公众兴趣不同）等，都是体制研究的议题，也是本书讨论德国和美国科学中心时的主旋律（第七、八章）。

20

第二章

从比较的视角看科学

1. 17 世纪前的科学增长缺乏连续性

知识的快速积累是 17 世纪以来科学发展的特征，此前从来没有发生过。这种新型的科学活动只出现在少数几个西欧国家，并在长达 200 年左右的时间内局限于这一小片区域。从 19 世纪起，世界其他地方也开始吸收科学知识。这种吸收的发生，并非以科学向不同社会的文化和体制进行融合的方式，而是通过科学活动模式和科学家角色从西欧向全世界的扩散。科学家的社会角色（无论是大学教授，还是工业或政府实验室中的研究者），以及他们工作的组织氛围，在印度、日本、以色列或苏联，都是源于西欧的这些社会形态的变体。在接纳西方科学之前，这些社会中早已存在智力方面的工作，但这些变体并非对各自传统模式的修正。本章要讨论的问题是，为什么科学的发展在萌芽之后，被局限于人类社会如此微小的一个角落。 21

2. 传统社会中科学的传播和扩散

在那些社会中，科学还没有发展成为一项迅速增长的活动，而科学发展的停滞无法用缺乏科学观念或人才来解释。许多（也可能是全部）社会都拥有相当清晰的关于特定自然事件之间存在着必然联系的观念，并能够将这种逻辑联系与巫术和奇迹之类区别开来。这些社会都创造了一定数量的堪称科学的知识。[①] 而根据当前中国、印度、日本以及其他国家的科学家的表现来判断，这些社会过去肯定有充足的科学人才。事实上，在一些诸如古代美索不达米亚、希腊、中国等地域，都有许多令人瞩目的成就。

科学发展的迟缓，是由于社会条件，而不是由于遗传、环境或者缺乏基本逻辑观念造成的，17 世纪前所有社会中科学传统的特有成长模式使我们加深了这一印象。相对短暂的繁荣期过后，便是漫长的停滞和衰落期，其间科学的传统实际上趋于崩坏。在缺乏科学创造性潜力的地方，可能就没有出现过兴盛期（遑论长短）。因此，一再出现的衰落现象，必须归咎于知识的传播与扩散机制的缺陷。

只要把先前那些时代通行的科学传播方式与今天相比较，这些缺陷就显而易见了。今天的传播方式有杂志、专著、教材和专门的教学课程。但在先前那些时代，科学知识的传播通常是作为技术传统、宗教传统或广义哲学传统的一部分。因此大多数现存的古埃及知识是从宗教或技术文献中找到的。[②] 印度传统中的大量知识也是如此。中

---

① Bronislaw Malinowski, "Magic, Science and Religion", in his similarly titled collection, *Magic, Science and Religion; and Other Essays* (Garden City, N.Y.: Doubleday, 1954), pp.17-90.

② D. Guther, *A History of Medicine* (Philadelphia: J. B. Lippincott,1946), p.23; O. Neugebauer, *The Exact Sciences in the Antiquity*, 2nd ed. (New York: Harper Torch Books,1957), p. 91.

国传统里面包含了许多描述性和分类性的技术论著，但理论著作也属于哲学和宗教书籍的一部分。[①]古代巴比伦有为了学习数学而使用的类似专业教科书的东西，希腊传统中也有，而且形式上更为先进。希腊传统还出现了一些其他领域的理论著作。[②]但即使在希腊，这些科学传统也只是有限和短暂地独立于宗教和形而上学思想。 22

将科学传统寄身于其他传统而导致衰退，最显著的例子莫过于天文学这一古代最为发达的科学。从最初开始，该学科的传统中就有浓厚的占星术成分。尽管如此，知识还是建立在观测到的天文现象的基础上，许多是关于阴历的置闰等实际问题。然而，公元前2世纪左右，人们将注意力的焦点转向了带有巫术性质的占星术，直到17世纪都是该行业的当务之急。[③]

因此，即使这个领域已经具有了大量的纯理性的科学文献，但随着兴趣关注点转向了非科学，该领域仍存在着退化的各种可能。[④]其他退化的原因还有文献不易保存、手稿誊抄有误等，特别是当某个主题已不再具有现实利益的时候更甚。

科学衰落期往往远比科学增长期要漫长，直到出现“文艺复兴式”

---

① W. Brennand, *Hindu Astronomy* (London: C. Straker, 1896), pp.133-134, 160; A. Rey, *La Science orientale avant les Grecs: La science dans l'antiquité* (Paris: La Renaissance due Liver,1930), p.407; René Taton (ed.), *Ancient and Medieval Science* (London: Thames and Hudson,1963), pp.133-154; J. Needham, “Poverties and Triumphs of the Chinese Scienfic Tradition”, in A. C. Crombie (ed.), *Scientific Change* (London: Heinemann Educational Books, 1963), pp.124-125.

② Neugebauer, *op. cit.*, pp. 97-190.

③ *Ibid.*, pp. 168-171.

④ 在科学知识尚未从宗教知识分离的地方，仅仅宗教仪式的改变就会导致这种衰退。因此，印度最古老的数学传统存在于古梵文的婆罗门箴言中。这种传统对后来几何学的发展没有任何影响，而且没有一个与旧吠陀仪式有关的几何结构在之后的印度作品中出现。仪式消失了，数学传统也随之消亡，见 W. S. Clark, in G. T. Garret (ed.), *The Legacy of India* (Oxford: Clarendon Press,1937), pp. 340-342。

现象为止。然而由于许多知识已被人忘记，这种“复兴”并不能恢复古代知识的真正连续性。因此，科学有时会在低于过去已经达到的水平上再度起步。希腊传统的衰落，欧洲文艺复兴仅重新恢复了部分的希腊传统，这一历史广为人知，毋庸赘言。类似的发展模式也在中国出现过。公元前 3 世纪末，自命不凡的秦始皇下令焚毁大量古籍。要打破旧的封建传统，就包括这种破坏。到了汉代，封建传统又被试图修复。在印度，佛教的至高地位显然打断了古代的天文学传统，这一传统直到公元前 2 世纪佛教地位被颠覆后，才得以复苏。[①]

这种发展模式表明，创新性科学活动在不同社会中有多种开端。但通常说来，这些开端无法形成持久的科学活动，因此也就无法形成科学知识的积累。科学总是迟早受到其他目标的支配，从而失去其活力。

科学的这种从属地位是如何开始的呢？既然科学知识的创造总是由极少数对它们兼具兴趣和能力的人实现的，回答这一问题的方法就是确定在早期社会中有哪些人从事科学。这一考察或许能展示他们涉足科学的目的是什么，他们为什么无意或不能比实际所做的更进一步来发展科学。

23

3. 传统社会中科学知识贡献者的社会角色

在传统社会中，拥有或创造科学知识的人，无非技术人员（包括

① A. Pannekoek, *A History of Astronomy* (London: George Allen & Unwin, Ltd., 1961), p. 87; and Brennand, *op. cit.*, pp.140-142.

医生）或哲学家。因此，为了理解科学的传播和增长，有必要搞清楚这些不同行业和知识的群体，在创立一种充满生机并能自我移植的科学传统时，怀有何种兴趣。本节将试着针对各个相关群体予以回答。

工程人员，以及其他一些工具和器械的制造者，通常处于社会较低阶层。他们的名字能够传世，除了他们的技术成就之外，还要成为重要的政治或宗教人物。在对技术性或应用性科学感兴趣的人中，只有天文、医学、建筑和建造等领域由于行业的重要性，而能给予从业者类似今天的职业地位。因此这些领域具备了发展出包含若干科学内容的坚实知识传统的可能性。然而，实际出现的传统，仍不足以导致持续性的科学活动，原因如下：

（1）在所有技术传统中，有效理论的狭窄适用范围，与实际任务的广泛性之间，存在着反差。最好的例子或许是前文提到的天文学-占星术。天文学知识只适用于实际任务中有限的部分，如设置历法，确定季节性节日的日期，并预言一些天象（如日食、月食），这些天象被看作各类人间大事的征兆。巴比伦、埃及、希腊、印度和墨西哥在相当早的时候就已经或多或少地掌握了这些内容。但受限于直接实用的目标，天文学缺乏进一步革新的动机。[①] 相反，占星术却为观星职业开辟了无数的任务，这些任务均无法用科学来应对。这种限制说明在该行业中科学创新的不稳定性。这些天文学家-占星术士有时遇到科学上可行的实际任务，如设置和修订历法、协助航海等，科学创造性就会增多。而这些任务一旦完成，对创造性的社会激励就消失了。另一方面，占星“大师”的收益却是永远丰厚的。因此，真正的科学

24

① 此外还见 Neugebauer, *op. cit.*, pp.71-72; Pannekoek, pp. 87-90; J. H. Breasted, *A History of Egypt* (London: Hodder and Stoughton,1906), p.100; Taton, pp.25-26; Brennand, pp.25-26; 以及 J. E. S. Thompson, *Rise and Fall of Maya Civilization* (Oklahoma: University of Oklahoma Press,1954), pp.160-164。

研究只得到断断续续的激励，占星推测却面临永恒的需求。从而在天文学家 – 占星术士的角色里，科学的成分不可能取得支配地位。

（2）有限的科学知识和无限的现实任务之间的反差，同样也可以解释为什么医学不能作为一个合适的载体，保存和发展科学传统。天文学家只需解答少数正当的，相对来说不难解答的问题（还有无数的根本就不存在正确答案的问题），而医生面临的问题都是正当的，但只有很少一部分问题能够轻易解决。对于经验和理性探究的累积传统的发展而言，原则上这一背景并不是负面的。真正决定医生行医方式的条件，不是内在于专业实践中的科学的可行性。相反，决定行医方式的是治疗的需要，以及使人信任医生能力的需要。

治病救人这一现实任务往往容易造就一些医生，他们善于观察，是理性的经验主义者。但另一方面，要让人们（包括医生自己）信任医疗的有效性，以及实践的可靠性，恰恰导致相反的效果：医生们越来越倾向于遵从普遍的学说，使用吸引眼球的专业手法，借此确立医生的自信和患者对医生的信任。[①] 因此医学界的情况是在睿智的经验主义和缺乏根据的理论化之间摇摆。这种摇摆导致矛盾性的结局。[②] 开展经验性探究并热心自然科学，直到 17 世纪（甚至某种程度上到 19 世纪）医生都是这一传统的主要人力来源。然而，对

---

① 因此，印度有“医学伦理学”体系，见 J. Jolly, *Indian Medicine* (Poona: G. G. Kashika,1951), p. 32。公元前 7 世纪的亚述医生们使用苏美尔的处方，就像后来欧洲的医生们使用拉丁处方一样，都是出于同样的原因。苏美尔语是一种只有上层社会才懂得的高贵语言，使用它可以提高医生的声誉，见 G. Sarton, *A History of Science,* Vol. 1, *Ancient Sience Through the Golden Age of Greese* (Cambridge, Mass.: Harvard University Press,1952), p.89。关于埃及医生的崇尚传统，见 G. Foucart, “Disease and Medicine, Egypt”, *Encyclopaedia of Religion and Ethics,* Vol. IV, pp.751-752。

② 关于印度经验主义和巫术理论化的描述，见 A. Castiglioni, *A History of Medicine* (New York: Alfred A. Knopf, 1947), pp. 89, 94-95，也参见他对中国医学和“臆想”学说的讨论，pp.101-102。有关埃及论述心脏的缺乏根据的理论，以及较为发达的经验治疗方式，见 J. Pirenne, *Historie de la civilisation de l'Egypt ancienne* (Paris: Editions A. Michel,1961), pp. 198-204。

科学的这些贡献基本上影响不到医疗的理论和实践。医学的职业传统从来都是守旧和教条的。这一行业从整体上对创新表现得极其谨慎和怀疑，却维护和捍卫无谓的传统。[①] 因此，尽管医疗工作能给不少人提供从事某种科学活动的机会，但医药界未能设立某种社会机制，让这一行业可以系统地发展出科学传统来。

25

（3）这些行业传统中疑问最少的是建筑师和工程人员行业。他们的任务如同医生那样，都是经验性的，但范围要窄得多，边界也更明确。建筑和工程学也是受巫术或暗示影响较少的领域。实际上，建筑和工程学保留着唯一完整的理性技术传统，在古代和中世纪一些文明中达到了很高的智力水平。

但这种技术传统在理性方面的成色不足，从而难以作为科学产生的基础。长远看来，建筑和工程学对科学知识增长的贡献，远远小于天文学或医学，即使天文学和医学曾无望地纠缠于神学和巫术，夹杂着错误的教条。建筑和工程学对科学贡献相对较弱的原因可能是这种情况，即建筑和工程学的传统很少需要通过写作或任何抽象方式（包括使用符号）来呈现。医学和天文学所面对的现象，只能部分地或根本无法予以操控和靠近观察。有关人体机能或天体运行的能够形象化并被人理解的模型，都必然建立在臆测的基础上，而这些臆测在逻辑上必须一致。所以需要某种理论。

另外，建筑师和工程人员能够看清所做的工作，能够摆弄他们

① 这种因循守旧很大程度上是由于医生有被控为不当治疗的风险，请看夫斯蒂廖尼（Castiglioni）援引的古希腊历史学家西西里的狄奥多罗斯（Diodurus Siculus）的一段话："……医生们接受来自社群的支持，并按照由古代众多名医汇编的成文法则来行医治病。如果遵循了从圣书上读到的法则却对病人无效，那么所有的病人都不会责怪他，但如果他们的治病方法与书上写的相悖，就可能被判为死罪，因为立法者认为几乎没有人能够拥有更高的知识，超过那些长期遵守并且由最好的专家开出的治疗方案。"见 Castiglioni, *op. cit.*, p. 60。至今它仍是审理医生治疗不当案件时的法律原则。

的材料。即使他们使用图纸，它们也仅代表一些具体物品或非常简单的关于形状和距离的抽象符号，而并非思辨模型。因此，他们能进一步精确地建造建筑物或制作发动机，其复杂性通常大大超越实用理论所能及的范围。他们也不需要靠某个理论来确立他们的名望。名望是通过他们建造的留有其名的壮观建筑而传播四方。[①]

26

（4）所有技术的一个共同特点是都具有各自的特定目标，即获得具体的结果，而不是构建普遍的定律。这一目标阻止了知识的积累和提高，知识来源于对已知事物的逻辑蕴涵的展开，而与是否能解决当前问题关系不大。这种逻辑的展开就会开辟新的研究领域，最终将导致事实和理论之间出现冲突，从而发现新的理论。如果知识的目的仅仅是得到某种特定的实际用途，上述所有这些发展都无从谈起。

（5）技术专家和其他运用科学知识的人员，所怀有的特殊性兴趣，不仅会打断进一步的科学探索，而且有时可能会成为任何探索的反对者。因为他们醉心于提供特定类型的服务，他们对创新的态度取决于外在因素的作用。对于一名祭司来说，他利用天文学来确定一年中几个节日的适当时间，可能根本不打算采用标准的历法。他的这种反对，可能不仅是出于其工作受到威胁，也出于这样做会丧失神圣仪式的意义。从宗教的观点看，这样的顾虑显然是合理的。同样，以治病救人为己任的医生，如果有任何人专注于一些理论和实验，并以增加知识为目的，而对疾病没有直接疗效，他们也会站在道德的立场上予以反对。

（6）最后，哪怕科学理论曾经在技术的原创过程中起到过部分作用，技术的目标也可能导致人们忘掉技术的科学根据。例如，如

① 关于工程与科学之间关系的相对缺乏，见 Neugebauer, *op. cit.*, pp.71-72。

果一项技术取代了另一项，人们就可能会对先前技术中仍然有效的科学根据丧失兴趣。[①] 或者像另一个例子，一项技术可能已被充分完善，不需要掌握其背后的科学原理知识也能够实际运用（如采用某种历法）。只要一项基于科学的技术工艺已经成熟到生产应用阶段，上述情况就会天天出现。到了这一阶段，所有的工艺细节都能被那些完全不能理解其科学根据的技工们恰当地处理，他们不次于甚至超过科学家。因此在这些例子中，这些植根于技术的科学，就会在技术从发明者和使用者的授受之间，容易被人遗忘。

4. 早期科学的贡献者——哲学家

早期科学的开创者，除技术人员外，哲学家组成了社会中的第二个群体。就其兴趣及目标而言，哲学家扮演的传统角色与现代学者和科学家的角色最为接近。并非所有的哲学家都对物理现象感兴趣，但通常那些具有科学气质的人，极愿从自然本身角度理解自然，这样的人最可能存在于哲学家中。 27

只有少数传统社会承认哲学家享有其自主的地位。通常的哲学探究是宗教圣贤们从事的，在他们看来，哲学不是自身的目的，而是让人生获得拯救的途径。即使他们中有人将纯粹智力作为个人目标，他们的目标也不会得到社会上其他人的理解或接受。为了生存，哲学必须栖身于道德－宗教传统。圣贤必须成为其哲学所倡导的美好生活的导师或楷模。现实中，哲学家的角色也是实用性的，而不

① 见本章第 2 节第 5 段注释④中提到的案例，它描述了宗教仪式的间断性，导致所运用的特殊数学知识的衰落。

是纯粹智力上的。

《创世记》一书中开创宇宙的故事就是这方面的好例子。这个故事意图明显，就是要表现上帝创造了一切，人类是创世的顶点，上帝以自己的形象创造了人类。其实，只要一个简单得多的故事就足以实现这个目标，甚至有人怀疑，最初故事的目的并非想用带点逻辑意味的方式来解释创世。也有一些迹象，力求将创世前状态概念化，以及企图辨别产生物质和生命的初始元素，以建立地质和生物的演化观。但从保存下来的故事面貌看，最初的解释意图——如果确实存在这种意图的话——已经被道德－宗教的动机掩盖和冲淡了。这个故事的原创者或许是自然哲学家，但其身份和思考方式完全被湮没了。

中国和希腊的自然哲学也遭遇到类似的命运。最终它们变成带有强烈巫术和神秘主义倾向的哲学门派。[①] 结果，自然哲学完全不能再作为系统性探究的园地。

只有在一般哲学家或伦理学家的社会角色得到确立的少数传统社会中，自然哲学作为一种受逻辑规律支配的理性追求才能幸存下来。亚里士多德就是近两千年来欧洲和近东世界这种角色的典型杰出人物。中国的儒家学者属于这一范畴，其他地方也有初具此类人物特征的人士。这一角色在历史上的出现晚于技术人员。只有在希腊和中国它才是世俗化的，只有在希腊化世界它才与律师和行政官员等实用性角色相分离。哲学家的社会功能是通过论证去找到使个人和社会完善的方法。主要强调形而上学、伦理学，以及政治－法律哲学（经常伴随实际的运用）。至于理解地球在宇宙中的位置，

28

① 道教作为一种具有科学倾向的自然哲学，其承诺没有实现的原因在于道教卷入了“神秘主义”并关注日常伦理，正如“道”所表达的含义——“正确的道路”。见 J. Needham, in Crombie (ed.), *op. cit.*, p. 134，更详细的论述见 J. Needham, *Science and Civilization in China*, Vol. 2 (Cambridge: The University Press, 1954), pp. 33-164。

理解人在自然界中的位置，只是他们哲学思考中的次要部分。[①]

既然哲学家通常被认为是科学家的直系祖先，那么关键在于明白两种角色在哪些方面有所异同。传统的哲学家也像科学家一样，爱好用建立逻辑模型的方法来把握“现实”。但传统哲学家面对的典范性现实对象是人和（或）上帝。自然事件既不如人际（或宗教）事务那么被看重，也被认为难以凭人类的任何理性或干预能够控制。理性被首先并主要用于伦理问题，是它基于良好愿望所能掌控和解决的。

如果两个角色都按方法和目的进行划分，那么传统哲学家和现代科学家之间在方法上就有很多相似之处：他们都信奉逻辑，并依靠经验证据。但他们的目的迥然不同：哲学家想直观地理解人，以便对其施加影响，而科学家则试图分析地解释自然界，以便预测自然事件。因此从其目的的角度看，科学家更接近于自然哲学家（即使后者是巫师或神秘主义者），而不是一般的哲学家。

因此很显然，从长远看来，一般哲学家的社会角色几乎没有激励过科学的成就和创造性。然而，它构成了维护并偶尔扩展科学传统的最佳体系，甚至能在一定条件下做一些真正的科学工作。原因在于，一般哲学主要关注人和社会的事务，仍不失其理性，与试图穿凿宇宙奥秘的自然哲学相比，受巫术和神秘主义的影响要少些。常识，以及人类事务的实践知识，都不允许异想天开，但这种异想天开是对生死、日月星辰或雷电等问题进行思辨时的特性。因此，当我们说科学知识成为一般哲学传统的一部分时，它们更可能是以逻辑命题的形式被陈述，而不是从自然哲学传统输送过来的知识。此外，哲学家都受过教育，

---

① Ludwig Edelstein, “Motives and Incentives for Science in Antiquity”, in Crombie (ed.), *op. cit.*, p. 31; S. Sambursky, “Conceptual Developments and Modes of Explanation in Later Greek Scientific Thought”, *ibid.*, pp. 62-64; and “Commentary” by G. E. M. de Ste. Croix, *ibid.*, pp. 82-84.

拥有较好的脑力训练，经常怀着极为强烈的好奇心，在有些时候就包含了真正的对科学的好奇心。他们可能也比其他人有更多的闲暇。因此，他们很有可能偶尔对科学有所贡献。如前所指，哲学的目的是给予人们在他们世界中的一种系统的认知导向，这一目的本身从原则上就包含了一些对自然现象进行解释的尝试，如生老病死、天堂等，一直是各年龄段人们的困惑与烦恼。

29

把科学的因素结合到一般哲学体系，实质上是强行将其纳入不适宜的理论框架，通常只会导致对科学知识的歪曲。[①] 但有时候，可能当新的哲学体系出现，哲学思想略为开放和多元时，一些具有科学头脑的哲学家就有机会强调关注自然现象的重要性，也会对其予以系统性的重视。当然，仍应强调，以公认的哲学家角色的社会定义，这种重视也不太可能会开创一番持久的科学活动。毕竟哲学家的目标是道德与社会方面的。因此从长远来看，只有那些对道德和社会问题给出一致性解答的体系，才能为哲学共同体的主流所接受。对自然界的系统研究要成为这类体系的组成部分，可能性微乎其微。

因此，当星辰运行、宇宙起源等重大问题，以及自然哲学家所意识到的大自然规律的魅力，都存留于神秘主义和巫术传统中时，逻辑性表达的科学理论却成为主要关注形而上学和道德哲学的理性体系的重要部分。只有在这种一般哲学的框架下才有望出现理论知识的持续传播。但是其理性的指向并非科学，从中也难以找到激励科学创造的因素。有创造力的科学天才因此更易于钟情神秘主义和巫术传统，而不是理性的一般哲学。不管它们的解答是如何错误，神秘主义传统更有可能保留那些对探索自然具有重大启发性的问题。

---

① J. Needham, *Science and Civilization in China,* Vol. 3, pp. 196-197，一名道士批判儒家学者“歪曲真相逆天而行”，欧洲 17 世纪的经院哲学也遭遇过这种批判。

而从道德哲学家或法学家的观点看，这些问题毫无用处，不明智的人才去追问。

上述态度解释了以巫术和神秘主义为一方，精密自然科学为另一方的出人意料的关联，这种关联可以在不少例子中看到。例如，16、17世纪科学家中曾流传甚广的新柏拉图主义（Neo-Platonism）。开普勒甚至牛顿（在某种程度上）都是神秘主义者，如同古代的毕达哥拉斯学派（最早科学传统之一的渊薮）那样。[①] 后来，也有人认为法拉第和奥斯特也是深受浪漫主义自然哲学的影响。[②]

30

因此从表面上看，科学传统的存活，一种形式是干瘪但经过逻辑论证的理论，另一种形式是鲜活但尚未理论化的技术论著，这些论著的作者是那些受过理性哲学训练的实用人才。但是，科学与巫术或神秘主义之间还曾经有过一种隐蔽的联系，当科学的创造性出人意料地迸发时，这一联系就显现了。

5. 结　论

本章开头描述了科学的缓慢和无规律的增长模式，现在可以解释为专门化的科学家角色的缺失，以及科学未能作为一个独立的社会目标被认可。角色发端于一群人致力于以某种特定的方式表达自我。但为了获得别人的接受并长久存在下去，这群人还必须能够完

① J. M. Keynes, "Newton, the Man", in J. R. Newman, *The World of Mathematics*, Vol. 1 (New York: Simon & Schuster,1956), pp. 277-285; L. Thorndike, *A History of Magic and Experimental Science*, Vol. 7 (New York: Columbia University Press, 1958), pp. 11-32; *ibid.*, Vol. 8, pp. 588-604; A. Koestler, *The Sleep-walkers* (New York: The MacMillan Company, 1959), pp. 261-267 (on Kepler) and pp.26-41 (on Pythagoras).

② 见 Pierce Williams, *Michael Faraday* (London: Chapman & Hall, Ltd., 1963)。

成某种被认可的社会功能。技术是一种任何地方都必然需要的社会功能。但如前文所示，只有在非常特殊的条件下，技术人员对科学才略有兴趣。一般哲学家也是如此。尽管发现真理也通常是哲学家角色的一项本分，但在过去这类知识角色的主要任务是帮助人们缓解难以控制的焦虑，节制他们的情欲，让他们将精力运用到养家糊口的实际工作中，从而改善个人和社会。对哲学家来说，发现的“真理”意味着精神和道德的真理，与科学的真理毫不相干。

在科学能够体制化之前肯定已有这种观点，即科学知识本身和道德哲学在相同意义上，对社会都是有益的。一些自然哲学家显然已经表达过类似的观点。但为了说服别人认同这一看法，他们必须展示一些与道德、宗教或巫术相关的深刻见解。结果，自然哲学中的科学内容遭到丢弃，或被迷信活动和密宗仪式掩盖了。

这些原因解答了为什么在绝大多数文明中缺乏显著的科学增长。与技术服务、道德哲学或宗教不同，科学不是一种“必要”的东西。甚至于理解人在自然界的位置这样纯粹的智力爱好，可以仅凭一般哲学得到解答，而无须通过可验证的科学探究。

因此，为什么科学没有能够成长得更快，没有更早或在更多地区终结传统社会，这个最初的问题已经有了答案。实际上，这个问题可以反过来问，科学竟然出现了，才是需要解释的事实。传统社会的学者们大概会辩称，发生在西方的科学迅速壮大存在着某种病态。他们还会进一步主张，缓慢和间歇的科学知识增长模式，是与技术和伦理学密切联系的，这正体现了传统文化的特质：社会和文化的发展比现代社会更为均衡。[①]

---

① 关于这样的论点，见 J. Needham, in R. Dawson (ed.), *The Legacy of China* (Oxford: The Clarendon Press, 1964), pp. 305-306。

第三章

希腊科学的社会学

1. 希腊科学：近代科学的先驱

明晰的科学家角色和持久的科学活动，它们的出现所依赖的社会条件在任何传统社会均不存在，这是前一章的主要结论。与上述观点似乎有些矛盾的唯一例子是希腊科学，从其逻辑结构的角度而言，它可被视为现代科学的正统鼻祖。因此，在有可能认定出一些能够导致现代科学出现的社会条件之前，有必要弄清楚，希腊科学在何种程度上、从哪些方面堪称现代科学在社会学意义上的真正先驱。如果希腊科学的发展真的是这样，即17世纪近代科学的兴起能被证实为希腊走势的单纯扩张（被基督教崛起和蛮族入侵暂时打断过），那么我们对传统科学的基本原理的描述就是有误的。到16和17世纪寻找近代科学产生的社会条件就是缘木求鱼，因为科学家角色的源头应该到古希腊去找。

为了考察这个问题，有必要获取以下信息：　33

（1）希腊科学的贡献者们具有何种社会角色？他们是被认可和

尊奉为科学家，还是把科学仅仅当作次要业务？科学的重要性是来自于科学本身，还是由于其宽泛的哲学或神秘主义内涵，抑或技术上的应用？如果那些对科学有贡献的人被首要地看作科学家，那么这个角色的定义与今天的定义（认真致力于科学知识增长的人）是否相同？该角色是否是那些广泛存在的边缘的、半体制化的角色之一，就像那些掌握稀见却又罕用技能的专才（如具有超常记忆力或惊人心算能力的象棋冠军等），也被人们景仰，或至少被当作非凡人物而津津乐道？

（2）科学实现了什么用途？它自身是否作为文化的一个重要部分而被系统地讲授？或者，只被当作其他科目（哲学、宗教仪式、技术）的附属研究工作，甚或仅仅充当益智娱乐？

（3）科学知识的传播模式是什么？在受过教育的阶层中，是否有专设的机构传播和改进这些知识？科学的传播是否也像宗教秘法或商业机密那样师徒相授？还是仅仅作为一时兴起不甚看重的事物，被随意地以各种方式传播？

（4）形成了什么样的科学增长模式？它是累积式增长，还是起起落落的振荡式增长？最后，科学活动的兴衰是取决于科学内部状态的改变，还是取决于科学知识外部各种语境下科学用途和意义的改变？

前两个问题的答案和后两个问题的答案是相互联系的。科学家角色的定义，与他们自己或其他人对科学知识的运用不无关系。科学知识跨越时空的转移扩散，和它的增长模式之间也是紧密关联的。因此，我们将以年代为序提供信息，而不就每个问题分别作答。

2. 早期自然哲学家的社会角色

前苏格拉底时期希腊思想家的社会角色与其他传统社会的伟大智识人才颇为相似。一些早期科学家，如毕达哥拉斯、恩培多克勒（Empedocles）等，都属圣者，创建过教派，在世时就被誉为先知。他们的神奇经历，不禁令人想起释迦牟尼、琐罗亚斯德（Zoroaster），或某位犹太先知。乔吉奥·德·桑蒂拉纳（Giorgio de Santillana）曾比较过两个故事：毕达哥拉斯的创业事迹中，如何在克里特岛的某个洞穴里住了一个月；类似地，以西结（Ezekiel，希伯来先知）则一动不动地躺了 390 天，完成上帝安排的苦修。[①] 另一类可资比较的故事，如以利亚（Elijah，希伯来先知）乘着燃烧的战车升入天国，恩培多克勒（另一位著名巫医）终命于埃特纳火山（Etna Volcano），以及毕达哥拉斯的有关灵魂升天的思想。另一些思想家（直到近代，都同样不乏类似于古代犹太教或其他族群智者的例子）充当传道士，以真实和更合理的美德为名，谴责富人们的不良习惯，反对礼教传统和僧侣阶层。最后，在所有这些例子中都出现了师徒群体，他们与社会保持一定距离，自身孕育出一套宗教和道德实践。这些实践最终会以宗教兄弟会的形式，投身于某种崇拜，如毕达哥拉斯学派对缪斯（Muses）的崇拜，以及对神化了的毕达哥拉斯的崇拜。除了毕达哥拉斯本人和许多其他早期哲学家外，还有一些希腊边远殖民地的领导者和立法者，但他们正在不停地为了生存而战，让我们再一次想起摩西和以斯拉（Ezra）这样的人物。[②]

34

① Giorgio de Santillana, *Origins of Scientific Thought* (New York: Mentor Books, 1961), p. 55.

② *Ibid.*, pp. 54-57; Edward Zeller, *Outlines of the History of Greek Philosophy* (Cambridge: Cambridge University Press, 1957), pp. 216-217.

当然极有可能存在几个例外，不适合用上述模子去套。以现代的观点看，阿那克萨哥拉（Anaxagoras）——也许还有别的一两个——就是显得更为世俗和专业化的哲学家。[①] 但无论这一印象正确与否，就发展出来的某种持久的活动和传统而言，它采取了与具有终极宗教意义的知识和真理相关的崇拜形式，并把这种崇拜作为一种生活方式。因此希腊自然哲学家的独特角色与其他古文明并没有太大差异。唯一的区别也许是这些思想家的个性和学说得到了比较好的保全，甚至包括那些明显有些异端的学说。

之所以能够保全，可能是因为这些人及其思想具有较高的品质，或者是因为一些特殊的条件，当然更可能是上述两种原因的相互作用。当一些条件更适于某项活动，就会吸引到更优秀的人。在希腊人那里，这些条件显然是具备的。他们是一个分布很广而政治上缺乏集权的民族，但拥有一个共同的文化和宗教中心。类似的情况（尽管不会完全相同）只能让我们想起当前的英语国家或 19 世纪上半叶的德语诸邦。在一个集权的、同质的文化中，不容许存在多种不同的预言，也不容许对宗教构成潜在危险的各类崇拜。如果真的出现了分歧，它们就会发生冲突，只有一方能够存活。而希腊人能够形成多样性。在斯巴达和雅典被视为危险的事物，却能被米利都和叙拉古接受。它们具有社会学意义上的“边界”[②]。成群的冒险家和反对派可以去国离乡，到一个精心挑选的小范围实验其新政治和新宗教理念，既不会与现有的宗教和政府发生正面冲突，也没有切断他们与其民族和文化的纽带。这种边界使得人们的想象和实验可能出

35

① Daniel E. Gershenson and Daniel Greenberg, *Anaxagoras and the Birth of Physics* (New York: Blaisdell, 1964); Zeller, *op. cit.*, pp. 76-80.

② 这里使用的“边界”概念见 C. E. Ayres, *Theory of Economic Progress* (Chapel Hill, N. C.: University of North Carolina Press,1944), pp.132-137。

现非常大胆的飞跃，包含一些宗教和政治上不完备甚至危险的想法。这些想法就会在科学上导致一些现代的近乎专业化的世俗观念，这在其他传统文明中较为少见。其中的一些观念，会让人感觉科学的腾飞已指日可待，有人甚至疑惑为什么科学的腾飞没有真的发生。但是，如果从社会学的观点来看待这种情况，就会明显看到这种智力活动并不能开创出一个社会认可的科学家角色。无论某些个人可能带有什么动机，前苏格拉底智者群体的实际社会目标，或者是通过特殊的理解自然的方法来找寻幸福人生的门径（通常只适用于神秘派别），或者是在某些行会性质的团体中，把一些具有特殊技艺和兴趣的人联合起来。

3. 雅典几大哲学学派中的科学

希腊 – 波斯战争之后，形势发生了改变。希腊成为一个日渐统一的国家。起初疆土分裂，城邦独立割据，宗教社群各自封闭，但随着不断合并，竞相称霸，最终汇合为马其顿帝国。社会流动性增加，社会阶层和政治势力的结构更为复杂，从而引起许多政府、公众和私人的道德规范问题，这些问题无法从传统方法中得到解答。

因此产生了对两类专业化智识角色的需要，这两类角色在所有传统社会中都能找到：一类是律师 – 行政人员 – 政治家，另一类是宗教 – 道德 – 哲学家。[1]

一般来说，上述需要造成了对传授哲学和智力技巧的需求。社会需要从事这些工作的人，从而为那些已做好智力准备的人和在哲

① Zeller, *op. cit.*, pp. 112-114.

学信仰方面训练有素的人提供了机遇。在新形势下再保持神秘或冷漠对他们来说肯定有些困难，正如17世纪和18世纪清教徒工匠和小商人拒绝从工商业扩张的机遇中获利，以保持清贫和纯洁那样不可思议。

由于需要训练有素的人士，学校很快兴起，培训人们在公共事务方面所需的技能——辩论、高效思维和演说。最终出现了演说家和律师的角色。[1]

36

在当前语境中，更有价值的是哲学家的角色。务实的演说培训学校使用的许多智力技巧就是由哲学家开发的，里面包含了一些科学技巧。但这些学校以实践为目的，并不能满足这些志在获得有效知识的哲学家。要解决快速变迁的希腊社会中的伦理和政治问题，也不是靠有力的演说或高效的公众辩论。

这种境况引起了一种新型的哲学和科学兴趣。哲学的公众教学和智力技巧的应用，使得哲学－科学宗派的成员们不再与世隔绝。他们的神秘学说与其他学说相切磋，它们在解释事物和指导人们行为等方面的有效性也被公开检验。

学派之间和学说之间的智力争论导致了思想方面的迅速进步。苏格拉底标志着这种摆脱宗派的新型哲学探究的开端，经过此后一代人，哲学已经变得抽象和专业。道德－宗教问题和现实问题占据了支配地位，导致了对这些问题和形而上学的重视。哲学的目标是找到普遍有效的获取知识的方法，从而取代各类哲学宗派的学说。社会的目标则是为道德、宗教和政治提供一个新的基石。哲学的目标和社会的目标之间存在着明显的张力甚至冲突。由于传统方法的

---

① H. I. Marrou, *A History of Education in Antiquity* (New York: Sheed & Ward, 1956), pp. 189-312.

迅速瓦解，有必要为两种目的之间的冲突寻求解决之道。就哲学而言，最重大的挑战来源于自然哲学家的逻辑和科学的成就。但逻辑和科学对解决道德－宗教问题和政治问题几乎无关。亟待解决的问题是，当传统的道德不再有效指导私人和公共行为时，如何能保持国泰民安。

这种张力使人们尝试对自然哲学进行重新诠释，并将其纳入新的形而上学体系。当新学派的代表真正碰见科学宗派和行业的成员并与之辩论时，就会有上述尝试。柏拉图与基齐库斯的欧多克斯（Eudoxus of Cyzicus）过从甚密，欧多克斯对柏拉图学园的哲学讨论就很感兴趣。柏拉图也曾旅行至塔兰托（Tarentum）拜会毕达哥拉斯学派的人，到西西里腓利斯提翁（Philistion）的医学院访问。[①]

在亚里士多德创建的吕克昂学园（Lyceum），这些联系演变为真正的合作。特奥夫拉斯图斯（Theophrastus）、欧德摩斯（Eudemus）和梅农（Menon）分别负责撰写不同科目的历史。吕克昂学园和医学上尼达斯学派（Cnidian school）之间也维持着紧密的联系，在动物学和解剖学方面实际的科学探究就是在该学派中开展的。[②]

这些联系对柏拉图的哲学和亚里士多德的哲学有着截然不同的影响。两人都明确将自己与旧的自然哲学相联系，并得出结论认为，他们试图用物质世界本身来解释物质世界的尝试过于粗糙，逻辑上也无法满足。他们接着消弭了这一困难，即把关注的重点从物质转移到人类问题上来。柏拉图的做法是抛弃观察，代之以理念的世界。在柏拉图哲学中，对星体的观察和用几何学呈现它们的运动，是一项有意义的追求。然而，这样做的目的，是让“心灵仰望……更高的事物”

37

① Werner Jaeger, *Aristotle: Fundamentals of the History of His Development* (Oxford: Clarendon Press, 1948), pp.17-18.

② *Ibid.*, pp. 335-337.

[格劳孔(Glaukon)]。如果真是这样,就可以得出苏格拉底式的结论:既然灵魂与生俱来的才智是更高知识的最终来源,人们同样也可以对星空视若不见。照此观点看,毕达哥拉斯学派用现实的弦和声音来做实验简直是无用透顶。①

对亚里士多德来说,数学作为一门学科,其重要性比不上经验科学。他自己及其追随者们的许多工作,都与物理学、天文学、动物学和植物学中的经验问题有关。但亚里士多德的工作所开创的传统在两代人之后丧失了科学特征,沦为一个教条系统,所有知识被纳入一种哲学之下,拟人化的"目的"概念在这种哲学里充当基本原理。② 从自然哲学到伦理学的转变发生在原子论学派。是相信人的意志自由,还是相信留基伯(Leucippus)和德谟克利特(Democritus)所阐明的宇宙中的必然法则,伊壁鸠鲁(Epicurus)必须在二者中做出选择。他选择了意志的自由,因而斩断了探索自然法则的这条深具潜力的路线。③

这些发展的最终结局,从社会学意义上,类似的事情也在中国发生过。像希腊后期哲学学派那样,儒家哲学也有意按政治–道德哲学的框架汇编所有的知识。类似地,哲学家角色在两个位置上出现:或者作为帝王的导师,或者更为理想地让自己成为帝王。④

如果根据目标和实现这些目标所采取的手段来定义角色类型,相同社会角色类型内部也存在着五花八门的差异。哲学的目标是创建一个美好的社会,在那里领导者都是明智的人,大家公认实现理

---

① S. Sambursky, *Physical World of the Greeks* (London: Routledge & Kegan Paul, Ltd.,1962), p. 54. 关于柏拉图为自己的哲学目的而运用各种科学的方式,见 Jaeger, *op. cit.*, pp. 17-18。

② Jaeger, *op. cit.*, p. 404.

③ Sambursky, *op. cit.*, pp.109, 161-165.

④ Marrou, *op. cit.*, pp. 47-54, 63-65, 85-86.

想社会的方法，能够而且已经被某位非常伟大的哲学家实际发现了。因此，要达到所渴望目标的方法就是正确地学习和实践哲学原则，特别是那些注定要领导社会的人更应这样做。中国人早已更为成功地实现了理想社会——社会按照哲学原则运行，从某种程度上讲是由哲学家自己来实际管理。当然，在两大文明中，哲学的讲授者和哲学在政治中的实践者之间也产生了一些区别。[①]

38

然而，在同一时期，也涌现了阿利斯塔克（Aristarchus）、埃拉托色尼（Eratosthenes）、喜帕恰斯（Hipparchus）、欧几里得（Euclides）、阿基米德（Archimedes）、阿波罗尼奥斯（Apollonius）等知识分子，他们的工作可被视为专业和职业的科学。这一进展在其他社会罕有其匹。因此给我们提出了一个关键的问题，在何种程度上，这一进展代表着首度出现科学家角色的社会认可。

4. 希腊化时期科学从哲学中分离

这些人是现代意义上的科学家角色吗？为了排除这种看法，人们必须接受一种解释，从最大程度上赋予上述进展某种现代特征。[②] 根据这一解释，亚里士多德代表着一个重要的转折点。他的体系——他在世时的体系，而非后来逍遥学派重新诠释的——是一个相对开放的体系。尽管它有一个终极的形而上学 - 宗教的目标（以证明存在超自然的现实），但在很大程度上是一种探究方法，给予各专业学科很多自

① Tilemann Grimm, *Erziehung und Politik im konfuzianischen China der Ming Zeit (1368-1644)* (Hamburg: Mitteilungen der Gesellschaft für Natur-und Völkerkunde Ostasiens, Band XXXV B, 1960, Kommissionsverlag Otto Harrassowite, Wiesbaden), pp. 33-35, 108-111, 120-121, 129-130, 159.

② 关于这点的解释说明，见 Jaeger, *op. cit.*, pp. 335-341。

主性。相应地，在吕克昂学园，从事不同实体领域研究的专家之间也有了真正的工作分区，但他们为一个共同的哲学目标而联合起来。如果这种哲学目标被认可为社会的价值，如果它与学科的真正自主相一致，那么科学的角色就应该产生，且应该被承认为一项社会的功能。

然而结果是，哲学既无法完全满足一般受教育的人们，也无法令科学专家们满意。前者需要的是与其宗教和道德问题相联系的世界观，他们对经验科学不太感兴趣。科学专家则需要从所有终极形而上学目标中解脱。尤其是物理学家和数学家很难让他们的方法符合亚里士多德形而上学的目的论框架。结果，科学工作成为各哲学学派关注的边缘，只能在更为专业性的圈子中开展。[①]

39

上面提到的进展，也许看上去像是开创了自身目标和尊严得到社会承认的科学家角色，实际上却是一个失败的标志。新分化出来的角色从来没有得到过能与伦理学家相当的尊严。从哲学中独立出来，科学家的地位没有提升而是下降了。在柏拉图和亚里士多德试图彻底改变希腊社会的道德－宗教基础和希腊思想的知识基础的那个时期，科学曾经被拉入社会知识问题的中心。在柏拉图理论生活的理想中，数学和物理学，即使有些歪曲，也具有与伦理学同等的道德意义。[②] 到亚里士多德，这一倾向在某种程度上还有所加强。[③] 但

---

① Jaeger, *op. cit.*, p.404.

② O. Neugebauer, *The Exact Sciences in the Antiquity*, 2nd edition (New York: Harper Torch Books,1957), p.152; G. E. M. de Ste. Croix, in A. C. Crombie(ed.), *Scientific Change*(London: William Heinemann Ltd.,1963), pp.82-83.

③ 从柏拉图到狄西阿库斯的理论生活中道德教育方面变化的描述，所据为 Jaeger, *op. cit.*, pp. 426-461。也见 Zeller, *op. cit.*, pp.136-137；R. Taton (ed.), *History of Science*, Vol. I, *Ancient and Medieval Science from the Beginning to 1450* (New York: Basic Books, Inc., 1963), Chap. 5, pp. 248, 262-265; Paul Friedlander, *Plato: An Introduction* (New York: Harper & Row,1958), pp.85-107; A. E. Taylor, *Aristotle* (London: T. C. & E.Jack,1919), pp. 14-35; G. Sarton, *A History of Science*, Vol. I, *Ancient Science Through the Golden Age of Greece* (Cambridge, Mass.: Harvard University Press, 1952), pp. 331-347。

从公元3世纪开始，少数几位主要在亚历山大里亚工作的天文学家、数学家、博物学家和地理学家，已完全被孤立在一般的知识和教育运动之外。他们有的是军事问题的顾问（阿基米德），占星术士，或仅充当宫廷侍从。所有科学和哲学的努力，其假定的统一和伦理学意义也因此越来越难以维持。结果，亚里士多德之后的一代，逍遥学派成员之一，麦西尼的狄西阿库斯（Dicaearchus of Messene）竟宣称伦理学的纯粹理论与实际生活无关。

按这一观点，专业化的科学（包括形而上学）失去了其道德上的重要性。甚至后来的哲学复兴了“理论生活是达到终极幸福的唯一途径”这一观念时，这种认可也不涉及科学，而指的是宗教冥想和形而上学。

5. 传统社会结构中的希腊科学特例

因此，若将注意力集中在科学家角色和科学活动上，就会显现一幅与观察科学的实质性进展所得到的不同图景。从实质性的角度看，科学发展可以很容易地呈现线性和累积的模式：公元前6世纪到公元前5世纪自然哲学的混乱传统，在公元前4世纪变得系统化和有逻辑性，到公元前3世纪开始专门化和技术化。

40

然而，从科学家角色和科学活动的观点来重新审视，就会产生一个新的图景。最早时，它起源于希腊边疆地区的一些边缘群体，在公元前4世纪转移到社会的文化和政治中心，成为具有道德和宗教意图的综合哲学纲领的一部分。当这一纲领还处于不稳定状态，它的理论构建尚未完成，它的知识和实践领域尚未开发，科学就会被视为这项事业的一个组成部分。这一纲领刺激科学，影响科学的进程，赋予科学前所未有的普遍意义上的道义尊严。然而一旦哲学事业趋于稳定，它只能给予科学一个非常边缘化的角色。此时科学已开始从哲学中分化。但新的自主权并未带给科学家更多的尊严。相反，它让科学家关切的事情被明显边缘化。结果，科学家角色没有任何提升，从公元前 2 世纪开始，科学活动衰落了。[①]

支持这种解释的主要证据，是希腊科学的创造期相对短暂，而这无法用其他理由解释。在医学和天文学等应用学科，创造期一直持续到公元 2 世纪末。[②] 但在数学和物理学等纯粹科学领域，创造性在公元前 200 年左右就枯竭了。若是专门科学的自主权能加强科学家角色的尊严，提升从事研究工作的积极性，那么人们就该期待在公元前 2 世纪科学的创造性有一个加速。时间正好大体在哲学 – 宗教体系的兴起（尤其是斯多葛学派）以及逍遥学派自身内部变革，导致亚里士多德学派对科学和哲学的整合宣告瓦解之际。

从理论生活的道德意义这一视角看（其来龙去脉前面刚刚提到），也为上述解释提供了进一步的佐证。如果科学（从哲学）的分化曾经是迈向让公众承认其角色重要性和尊严的一步，那么就应该肯定已经尝试过创立某种思想意识，凭借自身能力要求专门科学应该享有与哲学平等而又独立于哲学的尊严。在与获得知识的哲学方法相对比时，应该曾经出现过一些关于科学方法特殊性和优越性的思想意识。这类思想意识的兴起标志着 17 世纪现代科学的兴起，也标志着 1830 年之后德国自然哲学从哲学中解脱。然而，希腊没有出现过任何这种思想意识。各哲学派别和医师同业会的成员们好像都很

---

① S. Sambursky, "Conceptual Developments and Modes of Explanation in Later Greek Scientific Thought", in A. C. Crombie, *op. cit.*, pp. 61-63.

② Ludwig Edelstein, "Motives and Incentives for Science in Antiquity", in Crombie, *op. cit.*, pp. 25-37, and "Recent Trends in the Interpretation of Ancient Science", *Journal of History of Ideas* (October 1952), XIII: 573-604.

关注知识分子的尊严问题，但这些人的要求中没有包含任何科学家特有的以区别于哲学家的尊严。相反，所有智力活动在哲学上的统一却被强调。[①] 但正如前面所展示，在亚里士多德学派实验的全盛期过后，科学家主张他们应被视为哲学事业的重要部分，遭到拒绝。因此亚历山大里亚时期专门科学的开端，也没有迎来明确的科学家角色的兴起或科学工作的加速。在整个希腊化时期，科学的地位、科学的教育或其他公共影响都是极其有限的。主要哲学流派对科学仅是说些空话，甚至实际上怀有敌意。科学在修辞学校（当时最为盛行的教育机构）的课程中几乎消失。[②]

41

6. 结　论

因此，即使能够显示，少数人达到了堪比现代科学家的自我形象（这点值得怀疑），也仍然不能证明古希腊异于其他多数传统社会，已经出现了公众承认的“科学家”这一角色。不论任何个体倾向性或私人偏爱程度，希腊公众都把科学家或者看作哲学家，或者看作某种专门人士，即具有某种社会意义不大的奇怪癖好的人。

希腊科学创造力的节奏也类似于其他传统社会。繁荣时期的存在相对短暂。前面已经指出，主要的发展都出现在不到 200 年（从公元前 4 世纪到公元前 2 世纪）的跨度内。这一时期基础哲学发生转变，一种新的世界观建立，所有知识必须被重新审视并系统化。就一般公众，或哲学界而言，科学只是达到系统化目标的一种手

① Edelstein, *op. cit.*, pp. 33-41.

② Marrou, *op. cit.*, pp. 170, 189-191. Edelstein, *op. cit.*, pp. 31-32.

段。一旦目标达成，兴趣就会转向哲学的实践和社会作用等方面。这种增长模式在所有传统社会中很常见。科学创造活动的大爆发是由于外部事件（出现了新哲学的世界观）的推动，而非由科学事件（如重大的发现能刺激新的发展）从内部引起。当外部条件发生改变，停滞就会随之而来。科学一旦失去哲学的道义关怀，科学共同体也就不存在了——共同体受自身问题的激励，通常能够令社会信服其事业的重要性。

上述解释与公元2世纪末托勒密天文学的兴起并不冲突。正如已经指出的那样，在天文-占星学和医学领域，直到公元2世纪以后才进入停滞期，那时科学开始遭到实质性的打击。这些都属于应用学科，在所有传统社会中都受到鼓励，因此它们的发展较少依赖与哲学的关系。这些领域产生的唯一具有重大意义的理论进展——托勒密天文学，并不归功于天文学共同体内部的知识发展，而是由于巴比伦和古希腊天文学的融合。[①] 注重应用领域，理论进展也在这些领域产生（文化接触的成果，而非内部研究发展的成果），是传统科学的两个典型特征。因此，医学和天文学研究具有更长的持续性，天文学领域出现托勒密革命，这些与我们对于公元前200年左右希腊科学跌落回传统模式的解释并不冲突，甚至进一步确证了这种解释。

在结论中必须强调，将希腊案例按其社会结构而定性为“传统的”，仅仅能够说明那里缺乏：（1）一种社会认可和尊崇的科学家角色；（2）一个相对独立于非科学事务，能够设定自我目标的科学共同体。本项研究解释了希腊科学的增长模式，尽管它远远超越了任

42

① Derek J. de Solla Price, *Science Since Babylon* (New Haven: Yale University Press, 1961), pp. 14-17.

何其他传统社会的科学水平，却与其他社会在同一范畴上有类似的表现：短暂而辉煌的繁盛期，之前是一段孵化期，之后是漫长的停滞期，最终衰落。

这一总体看法并不否认古希腊的成就在知识方面的卓越。这种卓越部分归因于社会条件。如先前已经解释过，在科学的孵化期，希腊边界的存在（即使在希腊化和罗马帝国时期也没有完全消失），为世俗主义、文化接触以及文化多元主义创造了优良的条件。这种边界导致了自然哲学极为多样化，使它们富有深度，让知识角色比其他任何地方都更为分化。

希腊科学第二个独特的地方是高度重视数学。这一特征罕见于传统科学，但并非不相容。很难解释这种对数学的重视是如何产生的。它可能关乎数学和音乐的联系。古希腊的文化与教育中，音乐是一项非常重要的因素（其他几个地区也曾如此）。[①] 比率在音乐中表现为协和音程，但毕达哥拉斯的这个天才闪现的发现也出现在其他各地。[②] 将该发现与宇宙的和谐联系起来，在各地自然哲学的类型特征中都曾经是一种非科学的思辨。所有这些事例都在古代科学思想一般特征的变化范围，但把这些事件组合起来，足以使数学在一个相当长的时期内成为希腊思想的部分主流之一。 43

数学的技艺本质，使得希腊比其他地方更难将其科学因素融汇到包罗万象的哲学与宗教的世界观中去，也难以融汇到技术传统中去。以形而上学和道德的因素为一方，科学的因素为另一方，两者之间的张力在亚里士多德的传统中就从未被消除过，并且至少潜在

① Marrou, *op. cit.*, pp. 55-56.

② Taton, *op. cit.*, Vol. I, pp. 168-169, 215-216, 438.

地体现于柏拉图主义中。① 这一张力的延续跨越中世纪，在 16 和 17 世纪现代科学兴起时表现出来。出现的一些论述能够与希腊传统直接联系起来，正是在这方面而言，希腊传统对现代科学的兴起具有独特的重要性。但千万不能忘记，希腊传统固有的知识张力，与其他文化固有的张力一样，没有也不可能开创科学活动持续发展所必需的社会认可、方法和激励。因为这需要广泛的社会兴趣。这种社会兴趣出现于 17 世纪，将是我们下一章的主题。

44

① 在古典时代晚期最流行的哲学，斯多葛和新柏拉图主义中，这种情况要少得多，亦见 Ste. Croix, *op. cit.*, p. 81; Sambursky, *op. cit.*, p. 64; Edelstein, *op. cit.*, pp. 31-32; Marrou, *op. cit.*, pp. 120, 189-191。

第四章

科学家角色的出现

根据上一章的结论，古代科学鲜有发展，不是因为它有什么内在缺陷，而是因为那些从事科学工作的人并不把自己视为科学家。实际上，他们首先把自己看作哲学家、医师或占星家。的确，由于战争和人为损毁，许多希腊传统在中世纪丧失殆尽，但该传统的停滞和恶化开始得更早。而且，无论是在基督教、伊斯兰教，还是犹太教之中，假如曾经有一群人既继承了希腊科学传统，又认为自己是科学家，那么在中世纪就能够重新发现希腊的成就。如果真有一群人如此，希腊成就在 15 世纪被重新发现时，就应得到更有效的利用。[1]

因此问题在于，是什么让 17 世纪欧洲的一些人破天荒地把自己看作科学家，并认为科学家角色具有独特和专门的义务和前途？是什么让这种自我界定被社会接受并受到尊重？对此将会是演化类型的解释：若干独立的进展促成了新角色的产生，最终整合形成科学家角色。

45

① George Sarton, *The Appreciation of Ancient and Medieval Science During the Renaissance* (Bloomington: The University of Indiana Press, 1957).

1. 中世纪大学中职业大学教师的出现

传统社会的高等级教育，其典型形式是弟子簇拥着一位师傅。在师傅的有生之年，一些弟子就可能成为声名显赫的学者，但只有一位可以继承师傅的衣钵。其他弟子只能到别的地方自立门派，延续师傅的流脉，或者继承其他既有学派的领导身份——该学派的师傅没有留下一名配得上或能够继承他的弟子。统治者、有钱人或某个社群，通常以各种方式支持这样的学派：赋予学者们特权、提供住宿和教学场所，支付师傅薪金或礼物，或创设一项捐赠。

师傅和学者们的动机，可能出于对理解神圣真理和赢得荣誉的真诚渴望，也可能出于其他各种原因。然而，学问的合法性源于它是“实用的”；它让学生为“实用”做好准备。这在法律和医学方面很明显，但从某种意义上，纯宗教的学问也是如此。只有当人们从经书中获得的智慧能够运用到日常生活中，人们才会认为经书值得学习。而且，人们期望通过学习变得明智，从而在社会中获得权威的地位。因此一些大学者被拥戴为社群领袖、高级文职官员、教会高僧或法官等。地位较低而又以学术为生的学者可谓另类，但即使这样的人也不会仅仅因学问而获得荣耀。如果他不是一位私生活都堪称楷模的圣徒，就不会受到尊重。在他身上，学问也是达到实用目标的途径：实现神圣的生活方式。这样的学问不以其本身为目的。因此做学问是一项业余而非职业的活动；业余教学要比专职教学享有更高的声望。宗教学问和对社会至关重要的学问的传授，不能被当作能够在市场上买卖的商品。当然，这一观念不适用于学习医学或其他世俗学问，如演讲术、法律等，它们本身是有报酬的。但即使在这些领域，对于身兼从业者和师傅两种身份的杰出人士来说，最理想的还是培养出几个百里挑一的弟子和学徒。[①]

这种模式解释了传统社会中学术组织的简陋性。只要教师的首要身份是实用人才，或某项职业的从业者，他就只能浅尝辄止地涉足复杂的教育体制（直到今天，医学的临床教学仍是如此）。对于法律－道德、宗教，高度发达的医学和技术，这种教学组织都是合理和有效的。能够从事实践活动的人们一般不愿意放弃他们在教学方面的实践。结果，那些想从事实用职业的人，或想过上智慧和至善生活的人，偏爱成为那些兼做从业者的一流师傅的学徒，而不愿投身专门从事教学的二流师傅门下。特别有创造力的教师或思想家，总是会找到彰显自己的途径。 46

这样的事态阻碍了任何显著的专业化，特别是理论研究的专业化。如果一名单枪匹马的师傅必须具备学问和实践的各个领域的全面视野，对自己心仪的学科只能略微重视，那么专业化程度就无法提高。而且，只要大多令人尊敬的教师还是其他职业的从业者，职业教师的地位较低，理论方法就会在实际应用方法面前败下阵来。理论家和他们的理论一起，与以治学为主业的学者一样，处于边缘位置。因此，自然科学、数学，甚至哲学都成为边缘学科。即使在古希腊和希腊化世界这样哲学达到较高地位并具有较大自主性的地方，其主要目标仍然是实用和道德方面的。

在这种条件下，学习的持续性是得不到保证的。由于教与学的组织太不正式，就连著名的学术中心也会悄无声息地迅速衰落甚至

① Louis Ginzberg, *Students, Scholars and Saints* (New York: Meridian Books,1958), pp.25-58; Tielemann Grimm, *Erziehung und Politik in Konfuzianischen China der Ming Zeit (1368-1644)* (Hamburg: Mitteilungen der Gesellschaft für Natur- und Völkerkunde Ostasiens, 1960), Band XXXV B; Jacob Katz, *Tradition and Crisis: Jewish Society at the End of the Middle Ages* (New York: The Free Press of Glencoe,1961), pp.183-198; Jacques Waardenburg, "Some Institutional Aspects of Muslim Education and Their Relation to Islam", *Numen* (April 1965), XII: 96-138.

不复存在。

欧洲大学的组织，起初与古印度、中国或伊斯兰国家等其他传统社会的高等教育机构并无不同。学生从远方来到博洛尼亚（Bologna）、巴黎、蒙彼利埃（Montpellier）或牛津，跟随名师学习法律、神学或医学，就像在印度和埃及[①]人们会追随名师一样。但在一个重要的方面，欧洲的情况有所不同。名师们居住的小城都是自治机构，外地学生得不到国王的保护。在欧洲，城镇居民和学者之间常常会发生争端。暴力事件一触即发，直到 14 世纪早期，大学的历史中还充满学术之外的打架、凶杀、骚乱和酗酒事件的记载。除了执法不力，还有政教分离的问题，教会声称对所有精神层面的事务（包括教育）负有责任、享有特权，并否认世俗政府管辖学校和学者的权力。这种分裂使得大学的学者们缺少严格的规章。为了在乌烟瘴气的学者群体之间建立秩序，规范他们与外界社会的关系，法人社团（corporation）建立了。学生和学者们被编入这种获得了教会授权和世俗统治者认可的法人社团。他们的社团与市民、与当地教会人士以及与国王的关系，都被精心地制定好，并立下庄严的誓言予以保障。[②]

47

这种法人社团机制并非欧洲独有，但在欧洲远远比其他地方更受重视，它获得的重大成果是，从事高等研究不再被局限在孤立的师生小圈子里。师傅们和（或）学生们逐渐形成了一个集合体。13

---

① 有关中世纪大学的主要信息来源是新编的 Hastings Rashdall, *The Universities of Europe in the Middle Ages*, F. M. Powicke and A. B. Emden 编有新版 (Oxford University Press, 1936), 3 vols。社会学方面，见 F. M. Powicke, “Bologna, Paris, Oxford: Three Studia Generalia”, pp. 149-179; “Some Problems in the History of the Medieval University”, pp. 180-197; “The Medieval University in Church and Society”, pp. 198-212; “Oxford”, pp. 213-229; 以上均出自他的 *Ways of Medieval Life and Thought* (London: Oldhams Press, Ltd., 1950)。也见 Jacques Le Goff, *Les Intellectuels au moyen age* (Paris: Seuil, 1957)。

② Rashdall, *op. cit.*, Vol. I, pp.1-24, 43-73.

世纪的欧洲学生不再追随某位师傅而是前往大学去求学。[1] 一所大学能容纳数千名学生（1300 年的巴黎大学有 6000 名学生），而且有时会有数百名师傅生活在自治的知识共同体中，拥有相对较好的资助和优待。[2] 总的来说，这种知识共同体比起那些服务于政权和教会的知识分子个体（或任教的学者个人）的境遇，受到的来自社会的压力要小得多。受几名家长或某个宗教团体的委托，一个人教几个学生，很难博得多少尊敬。但同样一个人，置身于数千人组成的专职从事教书育人的大学共同体中，如果成功的话，就会成为共同体中一位备受欢迎和尊重的人。如果这所大学颇具规模，资金充裕，影响力大又闻名遐迩，这个人在更大社会范围的地位也会水涨船高。因此，大学教师的专业角色出现了，该角色享有较高的地位。此外，教师的地位取决于大学内部系统的知识和教学成就，而不是依赖于提供给外行的实用服务，使得在一些只有学者感兴趣的学科，专业化水平达到很高程度。

当然，为了维持其社会地位，大学总体上还必须强调那些对社会有重要意义的科目（如法律、神学和医学）。但这些科目一旦与单个机构的关联确定下来，它们就会被以新的视角予以安置。

过程的发展大致如下：最初，各大学专注某一两个分支的研究：博洛尼亚大学研究法律，巴黎大学和牛津大学专注神学和哲学，萨勒诺大学（Salerno）专注医学，蒙彼利埃大学专注法律和医学。[3] 在师徒制度作为高等学校主要建制模式的时代，一位名医住在某地，而一位名律师可能住在另一个地方。即使住在同一区域（例如首都），

① Powicke, *op. cit.*, pp. 149-179.

② Rashdall, *op. cit.*, Vol. III, p. 355.

③ Rashdall, *op. cit.*,Vol. I, pp.75-77 (Salemo); pp.109-125 (Bologna); pp.271-278 (Paris); Vol. III, pp.1-5 (Oxford); Vol. II, pp. 115-139 (Montpellier).

48 他们之间也无须有多少联系。然而，一旦大学建立起来，它们自然而然地要涵盖所有与学术和职业有关的科目。在既有大学中增加一个新学科要容易得多，也更值得，因为那里已经有一些大学生能随时进入各专业学科学习。只有有了抽象理论，才能体现清晰全面知识体系的存在价值，而上述环境为这种哲学观点提供了制度支持。因此，当法律、医学，尤其是神学继续充当最重要的学习科目时，大学共同体内部一些外行人推测，哲学会成为中心学科。它是大学设置的全部专业所共享的知识文化基础。[①]

结果，本科生在艺学院（arts faculty）的学习——实际上几乎全是经院哲学——在许多方面成为大学的最重要部分。至少在巴黎大学和牛津大学都是这样，虽然正式地讲艺学院只是为神学、法律、医学等更高阶段的学习进行预备。同时，哲学本身也逐渐成为专业研究领域并赢得高度尊重。在12世纪和13世纪早期，哲学与神学的联系还很紧密，但很快哲学派别蜂起，在传统神学框架下越来越难以协调。关于亚里士多德的多种诠释之间的论战，就是一个很好的案例。12世纪早期人们就认识到这些诠释与宗教信条潜在的不一致，而且引发了神学的反击。经过圣托马斯·阿奎那（St. Thomas Aquinas）的综合，这一冲突最终得到解决。但当阿威罗伊学说（Averroist）的影响开始渗透进大学，冲突又以更为剧烈的方式死灰复燃。该学说抛出对灵魂不灭论（和其他一些教条）的质疑，导致该学说遭到巴黎主教丹皮尔（Tempie，1270年和1277年两次）和牛津大主教基尔瓦比（Kilvardby，1277年）极端严厉的谴责和封杀。他们的反应与阿威罗伊学说在伊斯兰教和犹太教那里激起的反应没什么两样。尽管伊斯兰教和犹太教的神学反动达成了它们禁止自主

① Le Goff, *op. cit.*, pp. 97-100, 108-133.

哲学研究的目标，基督教欧洲却躲过了此劫。大学变得强势，哲学院系也成为规模最大、最受欢迎的院系。作为职业专家的共同体，大学有能力抗衡其他行业团体的威权。最终，布拉班特的西格尔（Siger of Brabant）和奥卡姆的威廉（William of Ockham）对哲学和宗教思想之间的区别进行了合理化和正当化：哲学有其自身逻辑，能够得出必然的结论。它与宗教启示之间的矛盾并不意味着对哲学论证的驳斥，而只是表明存在着超越人类理性的更高深真理。[①]

49

这个广为人知的故事，说明了大学内部产生的差异化和专业化的重要意义。哲学走向独立，并不是因为奥卡姆创立的准则，让它的独立以某种方式与"极权主义"的宗教观相一致，而是因为哲学家们已经形成了一个明晰的具有自我意识的团体。那个团体已经变得庞大并令人起敬，足以保卫自身，从而有必要找到一个和解的方案。哲学家们之所以能够成为一个庞大并令人起敬的团体，是因为大学作为知识分子重要而强大的活动中心，其内在价值标准很难被人忽视。

这个发展的重要意义恰恰在于一个通常很少被称道的情况：这个发展本来是一次纯粹知识性的革命。与古希腊和中国兴起的哲学派别不同，这种哲学既没有和传统宗教分庭抗礼，更从来没有取而代之。它只是为一群新的大学知识分子开创了程度有限的职业自由和平等，他们可以根据兴趣来做研究，而无须实用或宗教方面的审批。从争取思想自由的角度看，或从解放哲学固有价值的角度看，这点成绩也许显得微不足道。但从科学发展的角度，其实是从思想自由的体制性条件发展的角度看，貌似"琐碎"的这一步正是重要的一步。

① A. C. Crombie, "The Significance of Medieval Discussion of Scientific Method to the Scientific Revolution", in Marshall Clagett (ed.), *Critical Problems in the History of Science* (Madison: University of Wisconsin Press,1958), pp.78-101; Le Goff, *op. cit.*, pp.121-129; Guy Beaujouan, "Motives and Opportunities for Science in the Medieval Universities", in A. C. Crombie, *op. cit.*, pp. 219-236.

彻底的胜利就会导致一种新的极权主义世界观的出现，和宗教一起争夺世俗的权力和影响。建立这样一种哲学，正如最终打倒它一样，都将难逃血腥的革命。既然没有发生这样的情况，那么第一步就要将知识革命同政治－宗教革命区分开来。这种区分是科学作为一种独立的知识领域出现的前提条件。

2. 中世纪大学中科学的边缘性

一个社团组织能开展多种多样的研究活动，这些脑力劳动也刺激了内部的分化，使得自然科学在大学拥有了一席之地。自然科学不是必修的课程部分，不懂自然科学知识也不影响任何学位的获取。但数量众多的导师和学者研究着五花八门的题目，难免其中会有人对科学问题发生兴趣。逻辑学家致力于数学和物理问题的研究，医师考虑各种生物学问题。在日常课程之外或放假期间，就会出现一些非正式小组，以便推进这些问题的研究[①]。尽管这些活动尚未体制化，但仅凭大学的规模及内部分化，就足以让志同道合的人们互相认识。在这样一个庞大的学术“市场”中，有足够的“需求”来维持一个哪怕是边缘性的知识领域。相反，如果限于一个小圈子里，就较难找到对自然科学感兴趣的人，对好奇心和持久兴趣的激励也会相应少些。

50

在所有这些过程中，分权发挥了作用。在任何单独某个地方，大学的社团自治本不足以抵挡教会权力对哲学家们的猛烈攻击。在任何单独某个地方，科学活动既不能，也没有幸免于战争、瘟疫和

① Beaujouan, *op. cit.*, pp. 220-224, 233-236.

政治冲突带来的破坏。但在 13 世纪，随着王室力量的增强（特别在巴黎），迁居的机会减少了，但学者个人还是有可能前往其他国家的，如英格兰人和德意志人那样。甚至还有一些学者，像帕多瓦的马西利乌斯（Marsilius of Padua）和扬登的约翰（John of Jandun），离开巴黎去了英格兰和德意志的大学。[1] 哲学在法国和英格兰的衰落，使得意大利在 15 世纪和 16 世纪成为哲学研究的新中心。知识仍在继续分化，15 世纪的意大利人文学者和 16 世纪的新亚里士多德学派，都是彻底世俗化和专业化了的哲学家。[2]

因为几何学和动力学直到16世纪还主要是由哲学家培养建立的，所以这些研究领域的命运也总体上与哲学研究休戚与共。中世纪自然哲学的传统始于牛津大学的默顿学院（Merton College）。又从牛津大学传播到与其知识交流最密切的巴黎大学。当 14 世纪两地的这一传统走向衰落，和哲学一样，中心转移到意大利，主要是帕多瓦，还有德意志、荷兰及其他地方的新大学。[3] 因此，当创设专门大学教席时，上述传统也许受到医学院内部发展的启发，在 14 世纪和 15 世纪也设置了不少教授席位，涵盖数学、天文学，以及自然哲学、亚里士多德学派物理学等一些学科，这些席位最初设在意大利，后来遍布欧洲各地。这些科学方面的教席，所处地位仍较低，对于任职者来说，如果能够被改任为哲学教授，就算是升迁了，要是被任命为神学、法律或医学教授，则是更好的事情。无论如何，为了能获得教席，还必须持有神学、法律或医学方面的学位。到这个时候，总

---

① Richard Scholz (ed.), *Marsilius von Padua, Defensor pacis* (Hannover: Hahnsche Buchhandlung, 1932), pp. lvii-lxi.

② John H. Randall, tr., *The School of Padua and the Emergence of Modern Science* (Padua: Edifice Antenore, 1961), pp. 21-26.

③ Le Goff, *op. cit.*, pp. 156-162, 167-176.

算有带薪的教授或多或少地定期讲授自然科学了，尽管他们水平有

51 限（见表4-1）。[①]

表4-1 1400—1700年几所大学的带薪教席（按学科）数目

年代	1400	1450	1500	1550	1600	1650	1700
博洛尼亚大学							
科学	3[a]	—	2[b]	2	2	2	2
医学	11	2	3	3	5	5	3
其他	33	9	15	16	20	22	23
巴黎大学（索邦大学和法兰西学院）							
科学	—	—	—	2[c]	2	2	2
医学	—	—	—	2	3	3	3
其他	—	—	—	8	12	18	20
牛津大学							
科学	—	—	—	—	—	3[d]	3
医学	—	—	—	1	1	2	2
其他	—	—	—	15	15	20	20
莱比锡大学							
科学	—	—	—	—	2[e]	2	2
医学	—	2	2	3	4	4	6
其他	—	—	—	—	17	17	23

a 占星学；自然哲学；物理学

b 算术与几何；天文学

c 数学

d 自然哲学；几何学；天文学

e 算术和占星学；物理学和自然哲学

资料来源：Sorbelli and L. Simeoni, *Storia della università di Bologna* (Bologna: Università di bologna, 1944); A Lefranc, *Histoire du collège de France* (Paris: Hachette, 1893); J. Bonnerot, *La Sorbonne* (Paris: Presses Universitaires, 1927); C. E. Mallet, *A History of the University of Oxford* (New York: Longmans, 1924); H. Helbig, *Universität Leipzig* (Frankfurt a. M.: Weidlich, 1961)

---

① Albano Sorbelli, *Storia della Universita di Bologna* (Bologna: Nicola Zanichelli, 1940), Vol. I, II Medievo (Secc. XI-XV), pp. 122-126, 252-254; A. R. Hall, "The Scholar and the Craftsman in the Scientific Revolution", in Clagett (ed.), *op. cit.*, pp. 3-23; H. Helbig, *Universität Leipzig* (Frankfurt a. M.: Weidlich, 1961).

然而，这种分化进程在16世纪的某些时期趋于平稳（各国情况有所不同）。那时候，人文学者鼓吹一套新专业学科的博雅课程，在此基础上大学引入了古典作品的教学。此外，出现了一些数学、天文学和博物学的教授。最后，医学院采取了一定程度的专业化措施；天文学也是一个专业化的研究领域，基础医学科学的概念被人们接受。直到18世纪末，这套学科设置基本上没有发生改变。唯一在科学上有重要意义的进一步分化出现在医学院系，因为18世纪的化学在那里成为一个相对重要并确确实实专业化了的领域。数学和自然科学的学科地位依然较低。自然科学在任何方面都无法与人文学科的地位相媲美，更不用说和专业学院的那几个学科相比了。[①] 这一境遇极大地限制了科学家自我形象的独立自主。一名学者要想获得大学的数学教席，除了掌握数学知识之外，还必须拥有医学［如卡丹（Cardan）］、神学［如卢卡·帕乔利（Luca Pacioli）］或法学的学位；晋升和名望不仅取决于他是一名称职的数学家，更取决于他还是一名优秀的古典学者。只要这种情况不改观，就很难激励人们将精力集中于科学学科上。或许会有一两个充满积极性的学者把自己最高的才智献给科学，但体制上没有依据，让他的后继者也这么做。

52

医学的状况好不了多少，哪怕医学院的地位比艺学院还要高一些。解剖学被视为医学的一个组成部分，化学属于药剂师工艺的一部分，而药剂师工艺又是医学院的分内事情。尽管如此，这里重要的方面是医学的实践和理论，科学的方面倒在其次。人们不会认真对待一个不是医师的解剖学家——有些艺术家就属于这种情况。18世纪下半叶，化学无疑比医学和生物学的任何分支都要发展得好，

① Nicholas Hans, *New Trends in Education in the Eighteenth Century* (London: Routledge & Kegan Paul, Ltd., 1951), pp. 47-54; Stephen d'Irsay, *Histoire des universités françaises et étrangères* (Paris: Auguste Picard, 1933-1935), Vol. II, pp.108-118.

但在声望和重要性上与这两个学科相比落了下风。化学的地位要和药剂师的蹩脚工艺相一致。结果，医学院内的科学很少有连续性。而连续性主要取决于一些个体的偶然兴趣。然而，一位伟大的解剖学家－生理学家的继任者可能是一个对科学不感兴趣的行医人。而且，化学在教学中的水平变化很大，因为该学科许多技术方面的学术重要性还没有引起广泛的重视。（这就是为什么甚至迟至18世纪，德国、荷兰、瑞典、苏格兰和瑞士的大学中，化学领域在科学上的出色表现，既缺乏贯通各个领域的一般性，也难以持久。[①]）

大学中对科学增长的这些限制，已有各种各样的解释。14世纪下半叶牛津大学和巴黎大学的衰落，曾被归咎于黑死病和百年战争。16世纪和17世纪的不同时期，德国和英格兰的大学遭受了宗教势力的多次清洗。然而，到了17世纪下半叶，这些局部和暂时的现象在各国都已不再那么重要了。在其他一些国家，如法国，宗教清洗早在15世纪就已销声匿迹。尽管如此，仍不可否认，自15世纪以来就欧洲整体而言（包括大学盛极一时的意大利），科学（医学除外）上的主要贡献都是在大学之外做出的。

53

因此，欧洲大学里科学发展的停顿，其原因必须从整个体系具有共性的事物中寻找。这个共性因素不可能是大学标准的普遍下滑和堕落，因为在某些领域（尤其是法律），大学仍旧是创造力的中心。甚至在科学领域也有个别例外。例如，医学及其基础科学，在大学中的进展就要比物理和数学好得多。

关于这点的解释似乎是，大学在社会中所处的位置，对科学施

① Leonardo Olschki, *Geschichte der neusprachlichen wissenschaftlichen Literatur* (Leipzig, Firenze, Roma, Geneve: Leo Olschki, 1919), pp. 414-451; (Halle an der Saale: Max Niemeyer, 1927), Vol. III, pp. 95-96, 105-107; Joseph Ben-David, "Scientific Growth: A Sociological View", *Minerva* (Summer 1964), II: 464.

加了普遍的限制，从而导致大学这一角色在科学发展中的作用降低。一个组织内部要出现新功能，需要整合若干新部分。大体上讲，要实现这种整合有两种途径：一是在功能之间创建层级，根据外部标准将某一功能从属于另一功能；二是在新旧功能之间进行协调。两条途径如何选择，取决于这种活动所涉及的社会用途。

因为大学学习的用途是向社会提供律师、公务员、牧师和医生，所以组织上的决策势必倾向于将科学从属于普通哲学、古典著作和职业学习。哲学和古典著作能够被抬高到堪与职业学习相媲美的地位，也是因为它们被看作职业学习的必要预备。如果大学将哲学和古典著作当成学习的核心部分，这种重视也仅仅意味着掌握职业学习的方法和工具优先于职业学习的实质内容。一个精通拉丁语并懂得逻辑规律的人，能够在法学和神学的汇编中悟出门道，也能学到职业的规矩，而不必费太大力气。即使对那些学习医学的人来说，能够阅读盖伦的经典被认为比学习解剖学和生理学要重要得多。掌握拉丁语和希腊语，以及经院哲学和古典哲学，比起学习当时已知的那点基础医学，无疑是一个智力上更大的业绩。

当我们确认了大学直到 18 世纪末的功能时，也就可以理解大学只能提供科学一个附属性位置的原因了。直到 18 世纪末，无论是从普通教育还是职业教育的角度看，大学都不可能在弘扬科学方面有所作为。因此，大学中的教学任务，无助于提高科学家的士气，或激发一种新的世界观——自然科学成为所有哲学知识的范例。科学已经在大学中被确立为一个独特和分化了的哲学门类，科学走向完全自主的社会基础还需要到其他地方寻求。无论如何，获得科学自主的更有利条件在大学之外出现了。

54

3. 意大利艺术家和科学家：科学家角色的初步成形

第一个对科学的评价有所改变的信号，出现在15世纪意大利的艺术家和工程师圈子里。直到那时，艺术家仍被人们视为工匠，但随着各个城市群获得稍许自治权的条件日趋成熟，在15世纪，艺术家的机遇得到了改善。[①]

除了艺术中出现了新的兴趣点之外，与艺术家地位改善关系更为密切的事实可能是，在同一个人身上，艺术家角色经常与建筑师、要塞工程师、弹道专家等角色相重叠。在15世纪的意大利，艺术家要接受全方位的训练。如一个年轻人进入某位导师的工作室当学徒，他要在绘画、雕刻、建筑以及金器制作等方面受到锤炼，才能开始专业学习。如果是杰出人才，他就会效力于某个城市（或世俗贵族、教会上层），负责艺术、建筑和工程方面的公共服务。韦罗基奥（Verrocchio）、曼特尼亚（Mantegna）、达·芬奇和弗拉·焦孔多（Fra Giocondo）均属这类多才多艺的艺术–技术高手。他们接受过良好的技术训练，这些训练综合全面，实用性强。但艺术家们很少受过正规教育。一般来说，他们不懂拉丁语，能够获得的书本知识仅仅来自于用当地语言写成的大众简编读物，里面都试图不加批判地杂烩所有能用的知识。早在15世纪以前，学者和建筑师之间的交流就已经出现了，建筑师向学者请教有关古典技术手稿的问题。但从15世纪上半叶开始，菲利波·布鲁内莱斯基（Filippo Brunelleschi）学派——包括卢卡·德拉·罗比亚（Luca della Robbia）、多那太罗（Donatello）、吉贝尔蒂（Ghiberti）——将这种学者与建筑师之间的

---

① Olschki, *op. cit.*, Vol. I, pp. 21-44 and Vol. III, pp. 414-451.

交流变得更为持久和常见。布鲁内莱斯基学派的莱昂·巴蒂斯塔·阿尔伯蒂（Leone Battista Alberti）就是一位富有且博学的学者，他成为建筑理论家，充当这些人的顾问。[①]

艺术家与大学培养的学者之间的联系，部分基于共同的技术兴趣。艺术家和建筑师都对透视问题感兴趣，工程师们对静力学和动力学感兴趣。这些人都从学者那里获益匪浅，学者们知道那些可以利用的文献，且能够用透彻的原理表达出来，这点是艺术家做不到的。同时，学者也从与艺术家的联系中受益，艺术家的实际经验能帮助他们理解古代文本内容的意义。学习古希腊几何学和科学，若把它看作设计、建造或弹道学的一部分，而不仅仅是纯粹的书本知识，就会变得好懂多了。画家们对解剖学和植物学的兴趣，也为解剖学家和博物学家提供了有力的工具。

55

艺术家也面临一些与科学家相同的地位问题。直到那时艺术家和技术人员在社会上仍处于较低的地位。要实现他们主张的地位，证明传统上被视为低级手工艺术的精神价值，唯一可行的方式就是将他们的工作和一种已获认可的学术追求联系起来。然而，他们对掌握古典语言不是太感兴趣，也对哲学思辨无动于衷。与他们志同道合的学者只剩那些开垦科学的人了。[②]

这一身份给那些偏爱科学的学者带来了新的形象。直到那时，他们的地位仍完全依赖于大学共同体，他们的兴趣被看作只具有次要意义。如果他想得到认可，就必须在更为核心的学术领域证明自己的价值。然而，从 15 世纪开始，有一个职业就在孕育，那就是

① Olschki, *op. cit.*, Vol. I, pp. 33-36, 46-88; Giorgio de Santillana, “The Role of Art in the Scientific Revolution”, in Clagett (ed.), *op. cit.*, pp. 33-65.

② Paolo Rossi, *I filosofi e le macchine (1400-1700)* (Milano: Feltrinelli, 1962), pp. 11-12, 21-31, 40-42.

艺术家，对他们而言，哲学主要意味着科学。这些新客户或公众，欣赏科学家所提供的知识，通过他们的视角，科学家型学者建立起了自信心。这就为呼之欲出的以科学和数学为中心的新哲学奠定了基础。

结果，艺术家和科学家之间持续的交流发展起来了，贯穿 15 世纪。[①] 阿尔伯蒂和布鲁内莱斯基尝试着创建一门艺术和建筑的科学，许多艺术家，包括吉贝尔蒂、安东尼奥·阿韦利诺·菲拉雷特（Antonio Averlino Filarete）、乔吉奥·马丁尼（Francesco di Giorgio Martini）、皮耶罗·德拉·弗兰切斯卡（Piero della Francesca）、达·芬奇和丢勒（Dürer）等，纷起效仿。对科学发展而言，比这些人更为重要的是那些与艺术家保持联系的训练有素的学者。保罗·达尔·波佐·托斯卡内利（Paolo dal Pozzo Toscanelli）、卢卡·帕乔利、卡丹、贝尔纳迪诺·巴尔比（Bernardino Balbi）、塔尔塔利亚（Tartaglia）、波伊巴赫（Peurbach），以及雷吉奥蒙塔努斯（Regiomontanus）等人，都与艺术家有往来或至少利用他们的工作。在解剖学和植物学领域，这种联系还要更紧密些。[②]

56

艺术家和工匠们的经验对于科学思想发展的重要性常常引起争论。一些历史学家对其予以极高的评价，另外一些历史学家则指出，从哥白尼以至牛顿的这些决定性的发现，都是由训练有素的学者做出的，都源自于中世纪以来的既有知识传统（如冲力论）和

① 为了防止累赘的表达，我将使用“科学家”而不是“专长科学或对科学感兴趣的学者”。然而，值得注意的是，科学家作为一个社会和智力的范畴，在 17 世纪之前并没有从其他学者中区分出来。我们正在讨论的这些学者，越来越清楚地感到他们的科学兴趣并不符合既有的知识框架；他们逐渐意识到自己可能要与其他学者有所不同。即使他们占据了与众不同的教席，但这一事实不足以作为一种新职业诞生的标准，更不是“科学家”这一身份诞生的标准。教席并非至关重要，在任者被看作哲学或医学某个分支的专家，而不是某个拥有自主尊严的学科的专业人员。

② Olschki, *op. cit.*, Vol. I, pp. 109-127, 151, 159-161, 199-200, 414-451.

经典著作的重新发现。[①] 不管这些争论孰是孰非，这种联系对于塑造科学家有别于其他学者的社会形象，以及赋予科学活动新的尊严，都毫无疑问具有重要意义。接近15世纪末的时候，艺术家和工程师的学术圈子（circle，以下简称学圈）以弗雷德里科大公（Prince Frederico）的乌尔比诺宫廷和卢多维科·斯福尔扎（Ludovico Sforza）的米兰宫廷为中心（达·芬奇在后者中是核心人物），那里产生一种关于个人天赋的观点：人的知识不是来源于书本，而是一方面来自个人直觉，一方面来自他与自然的接触。乌尔比诺的弗雷德里科大公是文艺复兴时期的大诸侯之一，拥有一个庞大的图书馆，兴趣爱好广泛。在斯福尔扎的米兰宫廷中也有一个学圈［有时被称作学院（academy）］，包括达·芬奇，神学家戈梅蒂奥（Gometio），牧师兼修道院院长多梅尼科·蓬佐内（Domenico Ponzone）、占星家兼宫廷医师安布罗吉焦·达·罗萨特（Ambrogio da Rosate），帕维亚大学教授、数学家、神学家兼诗人阿尔维塞·马伊利尼（Alvise Mailiani），帕多瓦大学校长加布里埃莱·普里奥瓦诺（Gabriele Priovano），以及尼科洛·库萨诺（Niccolo Cusano），安德列亚·诺瓦雷斯（Andrea Novarese），佣兵队长兼军事工程师加莱亚佐·迪·圣塞韦里诺（Galeazzo di Sanseverino）和数学家卢卡·帕乔利（此人在卢多维科倒台后即前往佛罗伦萨，与达·芬奇一起留在那里）等人。[②] 在当时这两个重要的宫廷，这些获得认可且受人尊敬的知识分子群体中，艺术家、工程师和科学家也像老资格的学者和神学家那样被接纳进来了。这样学圈在体制上被接纳，意味着承认了科学活动的

---

① A. C. Keller, "Zilsel, the Artisana and the Idea of Progress in the Renaissance", *Journal of the History of Ideas* (1950), XI: 235-240: Alexander Koyré, "Galileo and Plato", *ibid.* (1943), IV: 400-428.

② Olschki, *op. cit.*, Vol. I, pp. 156-161, 239-251.

尊严，认可了献身于科学工作的内在价值。

这些群体在一些事件中发挥了决定性的作用，令一个世纪之后的伽利略树立了激动人心的抱负：要让社会认可，科学工作才是构成哲学家角色的中心要素，哲学家也应该这么做。伽利略感到，这种新型哲学家角色在其定义和尊严方面，和其他诸如法律和神学专家、医师、人文主义学者等老牌知识分子角色是平等的。但这一抱负，至少在意大利，最终归于失败。

57

尽管我们无法重建这些事件的完整链条，但有足够的可用信息勾勒出它们的轮廓。艺术家和科学家的身份混同是一种暂时的现象。到 16 世纪初，画家和建筑师就已经学会了所有他们能用得上的几何和光学知识，内容也不算太多。在米开朗琪罗的影响下，一股反动思潮到来，反对艺术中混杂科学。[①] 科学家仍能从与工程师（以及工匠，如磨透镜和制造仪器的人）的联系中受益。但这些都是专业性和技术性很强的技能，提供不了任何启示，就像 15 世纪学生们学习欧几里得和阿基米德时经历过的出乎意料的发现（他们发现在艺术家和工程师的作品中，几何学和力学获得了新的维度和生机，这是与学院同事的学术讨论中从未领悟到的）。这些新技能也无法与解剖学家的发现相比，他们首次教会艺术家如何按实际感知去画人体。然而，到 16 世纪中期，科学和艺术之间的关系又倒退到更早之前的模式：两股力量在相去甚远的道路上运转，很少发生有意义的碰撞。在某种程度上虽保持着一些联系，但在这种情况下已没有什么能够引入的新要素了。上世纪的这一联系曾是令人惊喜的发现，到此时只剩下平淡乏味。

同时，从 16 世纪 30 年代开始，在欧洲北部一些国家出现了一

① *Ibid.*, Vol. I, pp.255-259.

种日益增长的倾向，即颂扬艺术、工艺和自然知识的美德。这一倾向始见于卢多维科·比韦斯（Ludovico Vives）、伊拉斯谟（Erasmus）、蒙田（Montaigne）、拉伯雷（Rabelais）等人的著作，还可以通过伯纳德·帕利西（Bernard Palissy）追溯到弗朗西斯·培根（Francis Bacon）的新哲学。①这种知识倾向的发展与新兴阶级的社会地位不断提升息息相关，而新兴阶级的观点对经院哲学家和人文主义者的知识构建均不赞同。另一方面，意大利的艺术家和技术人员尽管曾经试图摆脱行会的控制，但没有成功。科学家和少数极为杰出的艺术家一起，正进入一个迥然不同的、上层阶级的人文主义的环境——学院的环境。该环境还欣然接受那些已被意大利贵族阶层吸收的商业人士。②这一发展部分是由于意大利的城邦民主制的性质，部分是由于如下事实：与北欧状况不同，在这些重要阶层中缺乏有重大影响力的新教徒，以培育出一种与流行观点对立但暗中契合科学的知识观。因此，当北欧的阶级结构一度变得日益松动，富有流动性的中产阶级日益壮大，自我意识和自给自足能力不断增强之际，意大利的阶级结构却再度封闭，退回到与其早先形式大致相当的状态。③ 58

4. 意大利科学被其他文化再度征服

意大利的阶级系统日益僵化，而北欧的阶级系统日益松动，这

① Rossi, *op. cit.*, pp. 11-12.

② Nikolaus Pevsner, *Academics of Art: Past and Present* (Cambridge: Cambridge University Press, 1940), pp. 50-66.

③ C. M. Cipolla, “The Italian and Iberian Peninsulas”, in *The Cambridge Economic History of Europe*, Vol. III (New York: Cambridge University Press, 1966), pp. 397-430.

一描述应有所限定。同样，意大利科学近乎停滞，而北欧科学欣欣向荣等类似的描述，也需要加以限定。如果从 17 世纪下半叶这一有利时机向后看，上述说法看似是正确的，但从 16 世纪和 17 世纪早期的角度进行察看，这种说法就有误导之嫌。意大利贵族阶层出现商业人士，也可以看作对经商职业持开放心态的信号，这在 19 世纪前的多数欧洲国家从未有过。行会参与市政府事务，保证了市民权利比其他地方有更广泛的延伸。科学方面的兴趣，与其他所有学术和艺术的分支一样，意大利比其他地方要更为普及。那么，从什么意义上才能讲得通，让科学家进入上层阶级社会框架下的学院，反倒成了衰落的征兆。难道不应该更合理地解释为，欧洲统治集团之一的部分成员，首次配享了新型的科学文化？（这一举措后来还被其他国家效仿。）

我们要说明的重要一点是，在欧洲其他地方，从事科学事业的人，来自受益于社会秩序变革的阶级。而在意大利则相反，到了 16 世纪，少数涉足科学的人士，早已栖身于功成名就的阶级，拥护着社会的稳定。

混迹艺术家圈子一段时间之后，意大利科学家开始认为羽翼丰满，要寻求知识共同体的正式认可。但教会和政府的统治集团，以及知识界当权者最终没有对他们予以承认。这一从提议到被拒绝的过程，对于我们了解意大利科学的停滞非常关键，而意大利的一些学院在其中发挥了作用。

1440 年前后，一些著名的人文学者，如佛罗伦萨的里努奇尼（Rinuccini）和费奇诺（Ficino），罗马的蓬波尼奥·莱托（Pomponio Leto）和枢机主教贝萨里翁（Cardinal Bessarion）等身边聚集了一些知识分子的学圈，学院由此发展而来。最初这些学圈完全是非正式的团体，讨论复兴的柏拉图哲学，以及全方位的人文主义学问、科学、

59

本国文学、艺术等。在早期阶段，这些学圈还没有专业化，其典型的组织形式，或是师傅带领一帮弟子，或是一群享有某位巨头或王公赞助的知识分子。

“学院”（academy）这一术语是纲领性的：它表现了1454年佛罗伦萨柏拉图式学园创建者的意图，即与大学中被认为话不投机的旧亚里士多德传统相抗争。这些反抗者并非来自外部的知识分子，而正是大学培养的哲学家（其中有些人对科学感兴趣）、古典学家、法学家和医师们，这些人对艺学院开展的学科怀有极大兴趣。他们已登堂入室，进入教会和宫廷，其中不少人自己就有钱有势。[1]

意大利城市中出现了能够操纵和控制行会的实权统治者，以及富有银行家和商人组成的上层阶级，使那些对大学氛围不满的知识分子（他们一开始也反对新学问），有可能创建他们自己的团体以与官方机构相对抗。这种大学之外知识分子团体的形成，不过是延续了大学已经开始的事业：对古典遗产的积极研究，以及在既有传统下发展各种专业化道路。15世纪的柏拉图革命与13世纪的阿威罗伊革命，并无显著的差异。它们主要都是由对知识感兴趣的职业知识分子发动的。不同之处主要在于体制形式、关注焦点，以及和当权者的关系。13世纪的那次革命可以只发生在大学里。但到了15世纪，为了避免与大学中做事的定规方式发生正面冲突，这些革命就可能转战到由同事、弟子和保护人组成的学圈中。师傅和弟子们不再需要他们所在行会的保护，因此行会对他们活动的干预也就失去了依据。他们也不再需要任何教会圣职的薪俸，以及牧师或类似牧师的优待。从王公、大贵族甚至市政当局那里，他们都有可能得

① Martha Ornstein, *The Role of Scientific Societies in the Seventeenth Century* (Chicago: The University of Chicago Press, 1928), pp. 73-90; Pevsner, *op. cit.*, pp. 1-24; d' Irsay, *op. cit.*,Vol. I, p. 226 ff. and Vol. II, pp. 45-128.

到更多或同样的有效保护和支持。不必按教会等级排座次，可以更加方便地与其他长者和同龄人共享知识盛宴。当然在某种程度上，这种只在富裕的意大利北部城市存在的御用知识分子学圈，更早似也曾在东方国家和西班牙出现过。但不同之处，其一在于欧式学院的自主性和社团特征，其二在于它内在的知识取向。学院意味着个体知识分子寻求某位国王的保护和资助的情况减少，而更突出一群平等的学者为知识的交流寻求一方合适的讲坛，尽管他们仍需要王室的赞助。

60　学院出现的第一个世纪，可以被大体上解释为一些人尝试为他们自己创建一个比大学更为惬意的体制，否则他们中的很多人可能就要被迫到既有的大学艺学院中工作。利用新的财富和保护方面的资源，他们在佛罗伦萨、罗马、那不勒斯，以及后来的巴黎和伦敦等中心建立了学院。[①] 志同道合者日益增多，许多人无须靠教书来维生。他们聚到一起，讨论共同感兴趣的问题，旨在丰富对问题的理解。

然而，直到 16 世纪中期，学院对科学的兴趣并不比大学浓厚。那些真正对科学有点兴趣的学圈（15 世纪初盛行于乌尔比诺和米兰的艺术家和科学家学圈），一般不被视为学院。无论艺术家的实际地位如何，他们形成的学圈都无法吹嘘成享有盛誉的“学院”称号。

在其出现的第一个世纪里，学院常常接纳几乎所有领域的知识活动。到 16 世纪中期，这种目标无所不包的综合学院不多见了。专业化的学院开始萌芽，其半数以上都是文学方面的学院，剩下的按目标可以划分为戏剧、法律、医学、神学、科学，以及艺术方面的学院（见表 4–2）。

---

① 一些比较重要并有抱负的团体，其庇护人有美第奇家族的科西莫和洛伦佐（Cosimo and Lorenzo di Medici）、阿拉贡的阿方索一世（Alfonso I of Aragon）、卢多维科 · 斯福尔扎等人。其中有些学者也成为有权势的人物，如枢机主教贝萨里翁和切西伯爵（Count Cesi）(Pevsner, *loc. cit.*).

表 4-2 1400—1799 年意大利创建的各类学院百分比

时期	文学	科学	医学	法律	神学	戏剧	多重目标*	总计	数量
1400—1424	—	—	—	—	—	—	100.0	100.0	1
1425—1449	—	—	—	—	—	33.3	66.7	100.0	3
1450—1474	—	—	—	—	—	50.0	50.0	100.0	2
1475—1499	16.7	—	—	—	—	16.7	67.7	100.0	6
1500—1524	29.4	—	—	—	—	35.3	35.3	100.0	17
1525—1549	55.6	3.7	—	—	—	7.4	33.3	100.0	27
1550—1574	58.8	7.6	1.5	2.9	—	13.2	16.2	100.0	68
1575—1599	61.2	2.0	4.1	2.0	2.0	14.3	14.3	100.0	49
1600—1624	59.6	3.4	1.1	0.0	3.4	16.9	15.7	100.0	89
1625—1649	53.6	2.4	2.4	2.4	4.8	26.8	7.3	100.0	41
1650—1674	60.3	9.5	0.0	1.4	2.7	16.2	9.5	100.0	74
1675—1699	53.7	9.3	1.9	3.7	9.3	11.1	11.1	100.0	54
1700—1724	67.7	3.1	0.0	1.5	6.2	9.2	12.3	100.0	65
1725—1749	51.0	2.0	2.0	0.0	27.5	11.8	5.9	100.0	51
1750—1774	59.3	5.1	3.4	1.7	15.3	6.8	8.5	100.0	59
1775—1799	51.0	3.9	2.0	5.9	7.8	15.7	13.7	100.0	51
总 计	56.3	4.7	1.5	1.8	6.7	14.5	14.3	100.0	657

* 多重目标指所有从事超过一个兴趣方向的学院，大约半数的此类学院都从事一些科学活动

文献来源：M. Maylender，*Storia delle Accademia d'Italia*（Bologna: L.Capelli，1926-1930）. 统计了大约 50% 的样本，包括 A-C，R-Z 字头，剔除了所有重复条目、称为“学院”的学校，以及无法归类的条目

学院的社会结构方面也有一个意义重大的变化。学院不再是相对非正规的团体，而变成越来越正规的机构，赋予其成员们公众认可的荣誉。在其他各项指标中，正规化表现在成员的构成上，即贵族业余爱好者试图从人数上超过职业的知识分子。在文学和多重目标的学院，这一正规化趋势发生于 16 世纪中期和末期，但科学方面的学院的正规化直到 17 世纪末和 18 世纪才开始进行（见表 4–3）。

表 4-3 意大利多重目标和科学方面学院的数量

（1430—1799，按结构分类）

时期	多重目标*			科学		
	新建总数	非正规	正规	新建总数	非正规	正规
1430—1479	6	3	3	—	—	—
1480—1529	6	4	1	—	—	—
1530—1579	23	6	15	9	6	3
1580—1629	14	5	7	6	2	2
1630—1679	6	1	5	14	10	3
1680—1729	10	2	8	17	5	11
1730—1779	13	1	11	8	3	4
1780—1799	12	2	10	5	1	3
总计	90	24	60	59	27	26

* 仅保留了多重目标学院中那些包含科学兴趣的学院

文献来源：M. Maylender，同上表著作，统计了全部样本。“非正规”学院包括：一名赞助者及其身边的知识分子学圈；一位著名知识分子及一群学生；或一群聚集起来进行非正式讨论的知识分子。“正规”学院有以下几种：有组织的专业协会；一群贵族举行定期集会，他们赞助的知识分子要进行讲座或演示；或一群德高望重的贵族和知识分子，后三种都有精心设计的办公室、规章、印章、箴言、会员的学术称号等。正规与非正规学院之和，与新建总数的差异，是由于少数学院无法区分

这些变化表明了 15 世纪学院创建运动的成效。学院发起的人文主义研究被大学接棒。若是大学教员反对，就会成立新的机构，如巴黎的皇家讲师学院（Collège des Lecteurs Royaux，即后来的法兰西学院）。[①] 当知识分子不满于大学狭隘的经院哲学氛围时，便寻求学院的庇护，但学院不再作为大学的对立面后，多目标学院的创建便停止了。在大学不愿介入的学科领域，即本国语言和文学的研究和扶

① D 'Irsay, *op. cit.*, Vol. I, pp. 270-274.

持方面，学院继续兴旺发展。这些研究带有的民族自豪感日益增强，统治者出于政治原因，也对这一趋势予以支持。同时，大学从事严格的思想和品位教育，没有认真考虑这些学科的重要性，而且这些学科（本国语言）也无法取代拉丁语成为神学、法律、医学或哲学的学术语言。因此，本国语言和文学没有被列为大学课程的重要部分，而是抛给了学院。作家们被授予院士的头衔，这一头衔连贵族都垂涎不已，其价值可见一斑。 61

当既有的机构无法满足不同的知识分子群体表达文化兴趣时，学院提供了一个弹性的组织结构。作为应对新出现兴趣的举措，意大利建立这类学院机构，似乎意味着意大利的社会结构比起欧洲其他地方要相对开放一些，而其他地方创建学院，不过是对意大利模式的仿效罢了。

但实际上，那些看似开放的地方，可以更好地诠释为僵化的证据。商业巨头相对轻松地进入贵族阶层，新的文化事业相对容易地栖身于学院，学院也相对顺利地纳入文化机构的正式等级中，以上这些都必须付出代价。代价就是学院采纳的上层阶级的思想习惯、态度和风格，其创新之泉已经枯竭。 62

代价造成的后果之一就是抛弃了科学的实用方面。在英格兰和法国，为了让科学得到正式承认，都是根据科学潜在的技术和生产用途进行宣传，然而，在意大利是拿柏拉图哲学或新柏拉图的神秘主义来为科学的主张进行辩护。北欧科学事业获得的支持，不仅来自通常属于上层阶级的一些真正培育科学的知识分子学圈，而且也来自为数众多的商人、工匠和航海家。意大利的科学，只得到上层阶级知识分子小团体的支持，他们还试图取代官方的大学哲学家，

63 并让天主教会的知识观点现代化。[1]

围绕哥白尼天文学这一议题，意大利反对派和官方知识机构之间的冲突具体化了。它包含着明显的哲学内涵，可被反对派的运动利用，最后让教会卷入了运动之中。运动的反对派立场，及其阴谋和神秘的本质，可从16世纪一些学院的名字中初见端倪：无名者（Incogniti，那不勒斯，1546—1548），奥秘（Segreti，那不勒斯，1560；维琴察，1570；锡耶纳，1580），勇气（Animosi，博洛尼亚，1562；帕多瓦，1573），信任（Affidati，博洛尼亚，1548）。同样名字在多地出现，可能表示某些异地的团体之间存在着联系。到17世纪，当运动走向公开并放弃反对派立场后，这些称谓就销声匿迹了。

第一个有重要意义的团体或许是短命的帕多瓦的信任学院。它由修道院院长阿斯卡尼奥·马丁嫩戈（Ascanio Martinengo）创建于1573年，成员包括大学教授、高级僧侣、贵族和国际知名学者。它存在时间虽不长，但其一些会员前往罗马，大约20年后成为最著名的学院之一——猞猁学院（Accademia dei Lincei，也叫林琴学院）——的成员。后者由年仅18岁的切西侯爵（Marchese Cesi）在1603年创建，1610年那不勒斯物理学家詹巴蒂斯塔·德拉·波尔塔（Giambattista della Porta）加入。波尔塔在那不勒斯的学院已被罗马教廷解散。1611年，伽利略也来到猞猁学院，先前他辞去了令他不满的帕多瓦的席位。可以认定，这个学圈首次采取了开放和较为全面的努力，以创立一个与其他学术机构享有同等地位的科学机构。猞猁学院尝试组织自然科学、哲学、法学方面的教学，还出版科学图书，包括

① 这里使用的“上层阶级”是一种较为宽泛的说法。英国和荷兰的商人和海员往往出身于上层阶级，然而一些科学家不是。但作为身份类别，商人在西欧并不属于上层阶级，而官方的科学院却是上层阶级的机构。在意大利，大商人也属于上层阶级。

两部伽利略的著作。[1]

审判伽利略的戏剧性事件，其本身的影响有多么深远，是非常值得怀疑的。专横的教会统治激起了义愤，倒可能扩大了科学的普及。伽利略遭到审判之后，科学活动实际上并没有停顿的迹象。教廷第一次试图对伽利略施压后，猞猁学院的科学活动的确有所收敛。但一些会员和伽利略的弟子们在整个上半世纪都还很活跃，他们还参与了 17 世纪另一个意大利著名学院——西芒托学院（Cimento Academy，1657—1667）的创建。直到学院的赞助人利奥波德·美第奇大公（Leopold de Medici）大公当选枢机主教，会员们才因私人的敌意而无法开展工作。[2]

因此，情况并不是一场运动得到越来越广泛的支持，接着被粗暴镇压，而是日薄西山的既有知识分子互助会内部的一段经历。到 17 世纪末，科学方面的学院已经沦为文学学院无足轻重的模仿品，充斥着当地的爱好者和名人。它们在国际科学界已没有什么影响。在医学领域，凭借一些大学教师的杰出工作，意大利在 17 世纪后期仍保持着中心地位。但其他科学领域的中心已转移到英格兰和法国。英格兰和法国的大学在 14 世纪初曾将领导地位让与意大利，如今相同的命运又降临意大利的学院头上。科学与科学家仍旧依赖那些上层阶级的狭窄学圈，上层阶级统治着国家和教会，同时对学术感兴趣。必须让这些学圈信服自然科学的重要性，完全值得他们的全力支持，使之得到公众认可和自由的交流，尽管这种认可也许会引起重大的学说方面的困难。然而，这些学圈并未信服。实际上，他们不可能有其他选择，那时有利于哥白尼理论的论据还不够确凿，科学只能

64

① Ornstein, *op. cit.*, pp. 74-76.

② A. Rupert Hall, *From Galileo to Newton* (London: Collins,1963), p.135.

拿出零零星星的有学术价值的天文学和力学理论，而伽利略先知般的天才却无比自信。与自然科学相对照的，是同时代以人文主义和神学为代表的体量庞大的学问、智慧和美。只要科学的支持者必须说服的对象还是那些传统学问几大渊薮的拥趸，科学运动就已注定要失败。对那些上层阶级中的相关者来说，可能也对那些多数的不相干者来说，科学在知识上和审美上都属于二流活动，而且在道德上和宗教上还具有潜在的危险性。如果是像伽利略这样的非凡天才来从事科学，能利用造诣很深的文学形式撰写科学作品，那么它是作为一部文学杰作而引人注目的。如果一位科学家还能担任大型工程和建筑项目的顾问，通过其他严肃或娱乐的方式展示自己的才华，就会被誉为富有创造力的杰出人才。“大师”（virtuoso）一词就真实地反映这种态度，显示 17 世纪意大利社会对科学理解的局限性。[①]

并非只有意大利对科学是这种态度，欧洲各地有着类似受过教育和“有责任心”的上层阶级，如果都像意大利一样，将科学的命运寄托在他们身上，那么一个自尊自信的科学家团体的出现可能会被大大延迟，也许被无限延迟。但对科学发展来说幸运的是，北欧的社会结构有所不同。如前所述，北欧存在着一个流动阶级，他们的抱负、信仰和利益——包括知识上的、经济上的、社会上的——很好地符合他们主张的以科学的名义制定的乌托邦要求。而且这一阶级的部分人发现，与传统哲学相比，科学这种知识追求在宗教上更合心意。因此当衰落的科学大潮从意大利科学学圈和学院中退却，最终登陆法国和英格兰时，它的导向反转了。发生在那时的这个转变，掀起了至今不息的洪流。

65

① Ludovico Geymonat, *Galileo Galilei* (New York: McGraw-Hill, 1965), pp. 136-155; Olschki, *op. cit.*, Vol. III, p.118; Giorgio de Santillana, *The Crime of Galileo* (Chicago: University of Chicago Press, 1955), pp.104-106.

5. 欧洲北部对科学的更高评价

这场发生在北部欧洲的科学运动，其最明显的变革之处，就是在新兴的进步观念中，科学终于成为中心的要素。然而，这一评价从开始就不甚清晰明了，运动在很多方面看上去不过是对意大利模式的效仿。15 世纪以来意大利的艺术家、实干家们，与有科学爱好的学者建立了友善的关系，16 世纪欧洲各地也纷纷效仿。一些最有名的人士包括维萨留斯（Vesalius）、丢勒、克里斯托弗·雷恩（Christopher Wren）等。雷恩是 17 世纪伟大的建筑师之一，他可以被看作 15 世纪意大利阿尔伯蒂和布鲁内莱斯基这些先驱们的后世升级版本。同样地，欧洲北部的科学院也是从意大利汲取了灵感。佩雷斯克（Peiresc）曾在帕多瓦求学，与伽利略有通信往来，并做过波尔塔（在那不勒斯创建了意大利较早的科学院之一）的弟子，回法国后发起了一个非正式的学圈，最终促成巴黎科学院的建立。欧洲范围科学与学术的通信员和访学者的学圈中，佩雷斯克是中心人物。这个学圈和那些倡导建立皇家学会与巴黎科学院的人有着直接的联系。但佩雷斯克不过是继续了伽利略首创的事情，伽利略本人就曾经是一个通信员和访学者网络的中心人物。①

尽管如此，早在 16 世纪，欧洲北部和意大利的模式之间在很多方面的区别还是日益明显了。在英格兰和荷兰，科学家和实干家最重要的关系网是和航海有关的。在英格兰，这群人包括数学家罗伯特·雷科德（Robert Recorde，1510—1558）和约翰·迪伊（John

① 伽利略及意大利在科学上的中心地位，从佩雷斯克和其他西欧学者的来信中使用意大利语即得以显示，见 Olschki, *op. cit.*, Vol. III, pp. 440-445。

Dee，1527—1606），两人都是大型贸易公司的顾问。迪伊还为一些著名航海家提供意见，如马丁·弗罗比歇（Martin Frobisher）、汉弗莱·吉尔伯特（Humphrey Gilbert）爵士、约翰·戴维斯（John Davis）和沃尔特·雷利（Walter Raleigh）爵士等。天文学家托马斯·迪格斯（Thomas Digges）曾对哥白尼的思想做过一步重要推进，也在海洋方面花费了一些时间，并对航海产生兴趣。伦敦格雷山姆学院的首位数学教授亨利·比格斯（Henry Biggs，1561—1630），是伦敦（后为弗吉尼亚）公司的成员，该公司是航向新世界的先锋团队。吉尔伯特关于磁学的著名论述，就利用了航海家罗伯特·诺曼（Robert Norman）和威廉·伯勒（William Borough）的观测资料。17 世纪剑桥的反亚里士多德作家威廉·瓦茨（William Watts）也是利用了另一位航海家托马斯·詹姆斯（Thomas James）的观测资料。伦敦数学家理查德·诺伍德（Richard Norwood），还为百慕大公司考察过百慕大群岛。①

66

科学家与实干家的联合并不仅仅限于有关航海的事务。除了已提及的与艺术家和工程师的那些联系外，科学家对机器、采矿、磨制透镜、制造钟表和其他仪器等，表现出越来越浓厚的兴趣。与意大利相反，学者和实践人士密切合作的科目，已从主要由统治阶级和贵族阶级关心的艺术、民用和军用工程等，转向了航海和仪器制造。由海上贸易者、商业人士和工匠们构成的新兴阶级，日益壮大并自尊心强，他们的事业和财富，与后面那些领域有着紧密的联系。

① Richard Foster Jones, *Ancients and Moderns* (Berkeley and Los Angeles: University of California Press, 1965), pp. 75-77; Christopher Hill, *Intellectual Origins of the English Revolution* (Oxford: Clarendon Press, 1965), pp. 14-130; Rossi, *op. cit.*, pp. 13-14, 18-19.

其中一些工匠也主要依靠海上贸易谋生。[①] 与16世纪意大利科学的社会关系相比，这些关系的社会层级相对不高。商人和工匠的地位和影响力虽然正在上升，但还有十分漫长的路要走。[②] 他们的地位可与15世纪意大利的艺术家兼工程师的地位相提并论，后者在那时已与科学家建立了伙伴关系。

然而，从潜力上看，对科学而言这是一个更有前景的社会基础，远胜意大利曾经有过的情况。意大利艺术家兼工程师的收入，一直仰赖于买断了他们产出的作品和服务的几个统治家族。这些统治家族组成了一个小而封闭的群体。虽然上层阶级吸收了一些大商人家族，其成分有所变化，但仍不足以从整体上改变这个群体的贵族性质和社会的等级特征。城市规模仍旧很小，由行会组成的封闭政治单元处心积虑地彼此隔离，通过法律特权和传统价值观来划分等级。政治单元由一名统治阶级成员领导，拥有超越特定行会的特权和势力。城市与远近环境的关系都没有发生变化。它是一个由特殊权力和传统组成的小岛，与其他类似的单元争夺周边可利用的农业人口以及地中海海上贸易古航线的统治权。[③]

67

像艺术家兼工程师那样，科学家也必须在这个等级制度中找到自己的位置，否则就将无家可归。科学家能够发挥影响并获取较高声誉的唯一机会，就是向上进入贵族阶级。

---

① 尚无证据表明法国的科学家和这一新阶层有过密切的接触，但这一阶层确实存在，并获得了实力和财富。意大利在那个时候正迅速地丧失了海洋贸易强国的地位，见 F. L. Carsten, “The Age of Louis XIV”, in *New Cambridge Modern History*, Vol. V (Cambridge: Cambridge University Press, 1958), pp. 27-30; C. M. Cipolla, *loc. cit.*; F. C. Spooner, “The Reformation in Difficulties: France, 1519-1559”, in *New Cambridge Modern History*, Vol. II, pp. 210-226。

② Lawrence Stone, *The Crisis of the English Aristocracy, 1558-1641* (Oxford: Clarendon Press, 1965), pp. 21-53.

③ Cipolla, *op. cit.*, pp. 397-430.

在西欧则是另一番天地。贸易的扩张范围超出了所有人的预期。结果，城市人口、贸易商和工匠阶级的壮大，都突破了行会的限制。[1]然而直到17世纪中期以前，这种增长还没有从结构上和观念上改变阶级体系。贵族仍然是拥有普遍影响和声望的阶级。[2]但这一阶级中的相当一部分人士都参与了贸易活动。他们不会看不到新的远景：经济的扩张、大为开放的阶级体系，以及变化多样的生活方式。或者，在像法国这种贵族远离新发展的地方，还有国王及其顾问们也会注意到这一点。

虽然这是普遍的状况，但并不意味着西欧的统治阶级或一般百姓比意大利的要更加进步。科学对宗教权威具有潜在的破坏性，技术上的意义也很有限，在各处受到冷落。那些掌管法律和秩序的人只会对其予以有限度和有保留的承认。因此，在16世纪或17世纪在任何地方不可能存在一种正式或普遍被接受的科学中心主义的哲学。就算这种思想真的出现过——尽管不会成功——它们更可能会出现在意大利，因为那里比任何其他国家拥有更广泛的受过较高教育的阶层。

科学的发展依赖于少数人的决心，他们信仰科学，为科学得到普遍承认而公开奋斗，在公众讨论和有志向的团体里面，表达和促进它们对科学的兴趣。因此在16世纪以及17世纪大多时间内，科学的增长依赖于多元文化兴趣和社会评价标准的存在。允许何种程度的不同兴趣和不同评价，是阶级系统的开放性的指标（或按当时的标准视为不完善）。只要有些个人和团体的财富迅速增长，是来自

---

① Pieter Geyl, *Revolt of the Netherlands, 1555-1609* (London: Williams and Norgate Ltd., 1945), pp. 38-44; H. Koenigsberger, "The Empire of Charles V in Europe", *New Cambridge Modern History*, Vol. II, pp. 301-334; G. Spini, "Italy After the 30-years War", *New Cambridge Modern History*, Vol. V, pp. 458-473.

② Stone, *op. cit.*, pp. 39-44.

于新地域、新线路、新市场以及新式商品的发现，他们就会更容易将科学看作一条比传统哲学更为有效的通往真理的道路。对科学的认可开始出现，也许部分地因为这些主张较好地符合了这个在社会和物质方面都在变革的世界新图景；但它的出现更为决定性的原因，是这些团体的利益，与传统特权的压迫要求基本上是对立的。 68

6. 宗教因素和一个科学乌托邦的兴起

西欧比意大利更有可能认可自主性科学观，另一个重要的条件是它们宗教状况的差异。人活着不是仅凭面包，还离不开上帝的指示，在 17 世纪尤其如此。几乎所有的欧洲人都信教，信奉基督教或犹太教。有些哲学比科学更为直接地与教义唱反调，教会便想方设法地与其达成妥协。但是，容许自由思辨诸如灵魂不灭之类的抽象事物不难，而要将月亮性质等专业问题，交给望远镜来检验，却不容易做到。人类精神中关于宗教问题的思辨永无最终结论。对于那些应通过思辨方法来解决的问题，实质上是上帝的力量和人类的精神之间的对决。上帝的终极力量超出人类精神的力量，当神的意志与人类的思想出现了矛盾时，便不难“找到”终极真理的所在。但经验科学——一旦它触及根本性的神学意义的问题——就不允许这种托词；它要将经验观测到的上帝真正创造的世界（按照当时所有人的实际观点），对照文献记录的那些官方认可的上帝真言或直接得自上帝的启示。经验观测与官方记录之间的不符越来越显而易见。结果，对经验科学，天主教、新教或犹太教的当局都倾向采取一种敌视或极度警惕的态度。

然而，欧洲几大主要宗教中存在着一个重要的异数：新教没有一个统一组建的宗教权力机构，按其教义，个人信徒可以自己的方式解读《圣经》，并寻求自我的宗教启蒙。科学会最终被证明为通向上帝的一条新路，这种可能成为信念的想法，天主教徒或犹太教徒必须压在心底，因为他的宗教对《圣经》的解释是一成不变的。但是，清教徒如果生活在教会权力不稳或微弱的环境之下，觉得上帝的意志和科学的发现是相容的，就可以理直气壮地讲出来。（在那些教士已经巩固确立权威的地方，他们的反科学解释通常会大行其道。）

因此，认为科学和技术（“实用艺术”）能够成为一种更好的教育方式、一种改良的知识和道德文化，这种思想大体上符合流动的中产阶级的兴趣和观点。然而，新教中只有某些分支能够将科学知识（或能赋予这些知识完全自主性的哲学）融为他们宗教信仰的一个组成部分，从而只有他们能够克服宗教信仰干预的阻力。新教由此为一个新的乌托邦世界观提供了正当性，在那里科学、实验和经验将构成一种新文化的核心，尽管对三者之间的逻辑关系可能有错误的分析。

69

将科学、实用艺术和人类条件的持续改善三者相联系，这一思想的发端可以上溯到16世纪30年代。[①] 在英格兰担任宫廷教师的西班牙新教学者卢多维科·比韦斯，就是最早称颂工匠经验的教育和知识价值的人士之一。但从16世纪中期开始，新教哲学家和教育家接过这些文艺复兴的萌芽，并将其改造为卡尔·曼海姆（Karl Mannheim）所谓的“乌托邦”。这一潮流的发起者是彼得·雷默斯

① 这一思想的其他先驱，像拉伯雷、蒙田、伊拉斯谟等人，都是天主教徒。拉伯雷或许眼中还有意大利人的榜样。卡冈都亚（Gargantua，拉伯雷讽刺小说里的大胃巨人）的教育就反映了他在这一问题上的思想，即结合了15世纪典型意大利工匠训练的大学教育。阿尔伯蒂的绘画学院（Accademia del Disegno，建于1563年）后来就提供了这种卡冈都亚式（尽管规模有所不同）的教育和训练，伽利略在佛罗伦萨的私人导师里奇（Ostillio Ricci）就是其教师之一。关于16世纪这些思想在全欧洲的传播，以及受其启发而开展的教育试验，见 Rossi, *op. cit.*, pp. 15-16。关于清教主义和科学之间整个关系网络的经典论述，见 R. R. Merton, “Science, Technology, and Society in Seventeenth Century England”, *Osiris* (1938), IV: 360-632。

（Peter Ramus）和伯纳特·帕利希，追随者有弗朗西斯·培根、夸美纽斯（Comenius）、塞缪尔·哈特利布（Samuel Hartlib）等。他们致力于普通教育，推动意义深远的科学与技术相合作的项目，以期能够通向对自然的征服和新文明的出现。他们坚信科学、技术及其高效的支持和组织，将会带来对全世界的拯救。[①]

这些人里没有一个是重要的科学家，除了身份模糊的培根外，甚至没有一个重要的哲学家。他们是宣讲家，注重实际结果；他们纲领性地表达了学圈（由科学家及与之合作解决实际问题的其他人组成）的知识观。在意大利，这种合作从未转变为一个以社会改革为主要实际目标的观点。唯有伽利略进行了包含较广泛话题的尝试，以失败而告终。但即使他的目标是让教会转变以树立正确的宇宙信仰，让意大利的知识生活现代化，它们仍算不上社会的改良。科学在北欧呈现如此广泛的实用观点，这一事实反映了一个开放的阶级体系已肇始；只是由于新教的教义多变，这一观点才有可能被知识分子接受，并发展成为一种意识形态，对传统权威构成潜在的威胁。 70

7. 新教有关科学的政策

并非所有的新教派别都接受这一新的科学观，他们接受时也要顾及各自的地域因素。在小而自足的新教社群中，诸如日内瓦、苏格兰、德国的大部分地区，以及后来17世纪的荷兰，科学的进展比在意大利、法国和中欧的天主教几大中心要差得多。这些新教社群规模不大，组织严密；因为它们的分化相对不足，除了教士，便没

① Jones, *op. cit.*, pp. 62-180.

有数量可观的知识分子阶级了。[①] 就像组织类似的犹太教社群那样，新教社群也不会宽容任何接近异端的事物。而另一方面，天主教会有其学问传统，有正常教学的各类知识分子组成的庞大阶级，通常对专业化的、无关宗教的知识兴趣抱有更多的同情。

然而，新教在大部分地方都无法形成封闭的宗教社群。一方面，它们正与天主教进行斗争；另一方面，新教各教派之间也在你争我夺。在那种情况下，缺乏一个有效的宗教权威，以强制信徒们遵从教义和实践。有了这些条件，所在地的政府就会比其他任何地方更为自由地对科学和科学乌托邦采取同情的态度。那些相信乌托邦的人可以自由地宣扬他们的看法，官方权威机构对此也会采取实用主义的态度。结果，官方的新教权威机构在很多情况下都实行了支持科学的政策，最终在英格兰，他们近乎接受了将科学的乌托邦作为官方教育政策的基础。

伽利略遭遇的迫害，为新教制定一个明确支持科学的政策提供了第一次重要的机会。作为宗教竞争的敌人，天主教会任何压迫的行为都会立刻被新教大肆宣扬。伽利略事件就是显著的一例。伽利略刚刚被定罪，巴黎、斯特哈斯堡、海德堡和图宾根的一伙新教学者，就决定将伽利略的著作译成拉丁语。他们的这项动议受到几个新教社群的全面支持，而这几个社群尚未曾表现出对哥白尼的思想有所宽容。伽利略的原著是从教条僵化的日内瓦获得的，这伙人的成员之一来自图宾根大学，就在不久前，开普勒因持有哥白尼的观点而被该校拒绝授予神学学位。

荷兰政府也借伽利略的霉运为新教谋利，由格劳秀斯（Grotius）

① A. de Condolle, *Histoire des sciences et des savants*, 2nd ed. (Geneva: H. Georg, 1885), pp. 335-336.

出面邀请伽利略为经度测量出谋划策。尽管伽利略的建议没有被听取，但荷兰政府授予他官方荣誉，这种交流也一直延续到被罗马教廷打断为止。罗马教廷认为新教以宣传为目的利用了他们，可能不无根据。[①]

71

对科学怀有兴趣的新教学者把伽利略遭遇迫害看作一个机遇，将促进新教事业和为科学获得官方支持两者联系起来。他们的一致行动，也许是新教欧洲科学游说团体的最早亮相。至少一些知识分子加入进来，是为了提升科学而奔走，并非只是为了泛泛的宗教和教育的目标。

很难推断伽利略事件在多长时间内被用于连接科学和新教。无论如何，它不是科学得以确立的主要因素。在英格兰，科学以一种更重要的新方式，开始卷入新教的政治。在共和政体之前和期间，由于多种带有政治意味的神学纷争，公众对任何可能有宗教意义的事物，都越来越难以保持一致意见。皇家学会的前史中经常会提到一个特别之处，参与者们在学圈（学会前身）的非正式会议上，商定不去讨论宗教和政治问题，而是客观公正地将自己限定于中立的科学领域。[②] 显然出于类似的原因，培根哲学和对科学的支持，成为共和政体下官方政策的一部分。英格兰共和国时期有一位教育－科学的宣讲家约翰·杜里（John Durie），他曾在欧洲北部长期致力于福音派教会的统一工作。哈特利布是杜里的支持者，哈克（Haak）是奖掖科学的科学家和政治家组成的早期团体的另一名成员，两人都经历过欧洲的宗教冲突，从而可能受到同样的触动。他们在共和国教育政策的制定方面颇具影响力，他们的思想变成了官方政策。培

① Olschki, *op. cit.*, Vol. III, pp. 401-403, 440-443.

② T. Sprats, *History of the Royal Society of London* (London: J. R. for J. Martyn, 1667).

根的观点在17世纪40年代后期突然流行起来，威尔金斯（Wilkins）、沃利斯（Wallis）、佩蒂（Petty）、戈达德（Goddard）等人被大学委任教席，都证明了新思想的成功。[①] 培根科学，不仅呼应了构成政权中坚的工匠、商人和其他流动人士的阶级趣味，还是清教徒能够一致接受的事物中较为开明的因素。科学活动所受到的欢迎，来自于那些心仪更为世俗的教育的人，以及对任何属于旧政权的事物都深恶痛绝的人。更加狂热的清教徒，认为对所有人来说学习《圣经》就已经是足够的教育，甚至想连大学也完全废除。但他们也能接受科学，因为与异教徒的人文主义学问相比，科学看上去危害要小一些。科学从而凭自身的力量获得优遇。科学能做到这一点，不是因为得到了任何新教神学教义的明确支持，而是因为它相对超然于神学和哲学的争论，这种争论已经损毁了欧洲大陆，也正在瓦解英国社会。[②]

72

这些情况的意蕴，对我们理解现代科学的兴起有关键作用。科学主义的世界观——区别于实际科学——之所以被接受，不是因为它提出了一个比以往的哲学和宗教教义更好的哲学，或对重大自然现象做出了更合理的解释。那些满足于世界现状的人，不会因为几个自然之谜得到了更好的解答，就变更他们知识价值的标准。但对那些志在改变世界的人来说，经验科学具有真正的预言能力。它做出的创新，包含着各自不容置疑的证据，令所有的哲学争论都沦为画蛇添足。它不仅是一种创新的方法，也是实现社会安宁的手段，因为它能够就专业问题的研究步骤达成可能的共识，而无须任何其他方面的一致意见。

对科学的这种认可，也解释了17世纪英国科学中崇尚培根实验

① Jones, *op. cit.*, pp. 109, 117.

② 尽管尚没有证据，但并非不可能的是，神学和哲学的争论由于宗教纷争而名誉扫地，科学超然于这些争论，这种感觉会影响到波义耳和牛顿的信念，认为科学可能构成一条通往上帝的新路。

主义这一原本有些令人困惑的态度。培根是个蹩脚的科学家，在很多细节上他也不是一位特别出色的哲学家。新的天文学和数学、物理学的兴起，与培根的原则几乎没有联系。缺乏理论以及经验知识的搜集，实验研究产出不了多少科学成果。

然而，若是没有对实验方法的一致性意见，就从来不会出现一个自主性的科学共同体。如果科学表现为一种更高明，但在逻辑上具有闭合性和连贯性的哲学，它就会成为那些相互敌对的哲学中的一员，而成不了中立的交汇之地。即使碰到千载难遇的机会，一些统治者将其定为官方哲学，它也会很快沦为一种无所不包、漫无边际的哲学。笛卡儿哲学就是这种情况。18 世纪甚至兴起过一股神化牛顿的大潮，将其奉为一种包罗万象的、本质上静态的新哲学的中枢。科学上有造诣的人士应该很少对抗这一潮流。但实际上，他们参与过努力过，比如莱布尼茨和克里斯蒂安·冯·沃尔夫（Christian von Wolfe）所做的。①

但是，培根主义反对这种科学观的封闭性，它为一个不断扩张变化而又运行有序的科学共同体绘制了蓝图。实验的学说不是理论，而是对科学家的一种有效的行为策略。对那些采用的人来说，在兴趣一致的限定领域，它是一种明晰交流的媒介，一种推理和证伪的方法。通过坚持经验确证的事实（最好是受控实验），这种方法让实践者们感觉到属于同一个“共同体”，哪怕尚不存在一致接受的理论。科学家们可能对同一个主题提出若干竞争性观点，感受到相互切磋进步，最终达成一致。他们不必再像以前的哲学争斗那样，分成几个派系，在不断扩大和分散的前沿上互相攻击。

73

① 关于把培根诠释为一名经验科学的战略家，见 Margery Purver, *The Royal Society: Concept and Creation* (London: Routledge and Kegan Paul, 1967), pp. 20-100。但她似乎想暗示这种诠释并不符合对科学家和科学主义运动之间关系的强调。

1640年的英格兰，意识形态方面陷入僵局，在这种条件下，科学家认识到自身所处的境地，无论是科学内部还是外部，采纳培根主义作为生存策略会越来越有益。因此自然科学成为开放和多元社会的哲学范式。从清教革命到光荣革命的关键时期，自然科学象征着对共同的知识目标进行有效追求的中立交汇之地。它的试错法（trial and error，或假说及其证伪）开创了一个时代的视角，只须要求在程序上达成共识，就有可能接受知识的不完善、共识缺乏等情况。科学被认为是培根主义的，其证据就是认为程序上的共识会最终产生正确的结果。[①]

对培根主义的接受，解释了为什么西欧比意大利给予了科学运动更为持久的社会支持，即使在16世纪以及大半个17世纪，意大利还具有文化上的优越性。这也解释了为什么在所有西欧国家里面，革命的英格兰于17世纪中期成为科学运动的中心，解释了自15世纪以来，作为哲学中崛起集团的自然科学家们，如何在英格兰变身为一个自主、独特而又受人尊重的知识分子共同体。

74

① 实际上，科学方法被看作一种范式，以客观和无个人色彩的方式达成共识，我们可以看到它在经济和政治理论上的应用。见 William Letwin, *The Origins of Scientific Economics* (Garden City: Anchor Books, Doubleday, 1965), pp. 131-138。

第五章

17 世纪英格兰的科学体制化

1700 年前后，英格兰科学有别于其他国家的关键之处在于，科学在英格兰是体制化的。"体制"（institution）和"体制化"（institutionalization）有多种用法，因此这个术语需要予以界定。此处体制化的含义是：（1）某种特定的活动因其自身价值，在社会中被承认为一种重要的社会功能；（2）存在着一套调控该领域活动的行为规范，且与实现这种活动有别于其他活动的目标和自主性相一致；（3）其他活动领域的社会规范因该领域规范的出现而有所调整。一种社会体制就是一项被这样体制化了的活动。[①]

以科学为例，体制化意味着承认精确的、经验的研究是一种探究方法，它能指导人们发现重要的新知识。这样的知识区别且独立于其他获取知识的方式，如惯例、思辨、启示。体制化强加给其实践者若干道德义务：对贡献予以彻底普遍主义的评价；有义务向公众传达某人的发现，供之使用和批评；恰当地承认他人的贡献；最

75

① "体制"一词与艾森施塔特（S. N. Eisenstadt）在《社会体制》（"Social Institutions"）一文中的定义密切相关，见 *International Encyclopedia of Social Science*, Vol. 14, pp. 409-410。但其定义要有所区别于特定领域社会活动实际组织中的"制度"。诺曼·斯托勒（Norman W. Storer）强调了每种社会体制中价值和规范的自主性，见 *Social System of Science* (New York: Holt, Rinehart & Winston, Inc., 1966), pp. 39, 55-56。斯托勒用"社会系统"（social system）来描述我所称的"体制"。

后，在其他体制化领域的各种条件，如言论和出版自由、一定程度的宗教和政治宽容（否则难以保持普遍主义），以及适当的灵活性，让社会和文化能够适应自由探究带来造成的不停变革。[①]

认为科学独立于其他的探究领域、承认科学规范独立于其他规范，是皇家学会官方纲领的一部分。这种独立性也表现在皇家学会会员的行事风格中。不像他们所对应的欧陆上的大人物笛卡儿、伽桑狄（Gassendi）、莱布尼茨等皇家学会会员认为自己的科学工作并非是一种更广泛的思辨哲学的一部分。他们通常也根本不参与这类活动，因为他们认为经验科学作为一项职业，其本身就已经具有充分甚至优越的尊严了。[②]

在英格兰，科学从传统哲学中获得了更大自主性的另一个表现是，其他各国出现了"古代派"和"现代派"之争。在欧陆，"现代派"还必须争取平等，反抗官方神学和传统哲学的权威。而英格兰到 17 世纪末时，对于科学家及其追随者所受到的幼稚、过分的要求，从知识上予以反击的条件即已成熟。[③]

最后，只有在英格兰，许多体制化的规范应自主性科学的要求，总体上做出了重大调整。如上一章所示，科学运动在英格兰的兴起，从一开始就与风起云涌的宗教多元化和社会变革捆绑在一块。也指出了科学在克伦威尔时期的教育哲学和政策中的重要性。这些思想幸存

---

① 关于这些科学的性质，见 Robert K. Merton, *Social Theory and Social Structure*, rev. ed. (New York: The Free Press, 1957), pp. 550-561; Bernard Barber, *Science and the Social Order* (New York: The Free Press, 1952), pp. 122-142; and Storer, *op. cit.*, pp. 75-90。

② Dorothy Stimson, *Scientists and Amateurs* (London: Schuman, 1948), pp. 73-76; M. Purver, *The Royal Society; Concept and Creation* (London: Routledge & Kegan Paul, 1967), pp. 34-64, 111; Alexandre Koyré, *From the Closed World to Infinite Universe* (New York: Harper Torch Books, 1958), pp. 159-160.

③ Stimson, *op, cit.*, pp. 70 ff.; and Richard F. Jones, *op. cit.*, pp. 237- 272.

下来并影响到一些持异议者的学院。[1] 最终，从 17 世纪 60 年代开始，英格兰出现了一系列尝试，试图按照自我调整机制系统的模式，而非最高权力机构的命令，来塑造政治和经济的哲学与实践。[2] 因此政治社会被设想为由独立的个体组成（如同物质由原子组成一样），通过行政、立法机构，以及国王、贵族和法人社团等特权阶级之间相互矛盾的力量而保持平衡。经济学理论解决的是数量问题，诸如供应、需求、货币量，以及反映在价格上的三者均衡等。但另一方面，欧陆之上，科学仍被视为一种具有潜在危险性和颠覆性的哲学，其对政治、经济，以及宗教 – 道德行为的影响必须严加审查和缩减。

76

这些当然只是非常粗略的情况概述。对科学持主动兴趣的仅限于少数几人，持被动兴趣的也只限于各地一些小型而且主要是上层的团体。但在英格兰，到 17 世纪末时，这些团体已经不可逆转地成为官方社团的一部分。因此他们才有可能试着将新的实验方法实际应用于私人和公众生活的方方面面，而不冒太大风险。但在别处，科学和科学主义哲学的支持者们必须将他们的支持限定于纯粹的科学和技术上。任何将科学方法向公共事务延伸的行为，都有遭受教会和政府迫害的危险。

1. 从科学到哲学和技术的兴趣转移

吊诡的是，科学的体制化没有为保持英格兰科学的领导地位发

---

① Irene Parker, *Dissenting Academies in England: Their Rise arid Progress and Then Place Among the Educational Systems of the Country* (Cambridge: Cambridge University Press, 1914), pp. 41-49.

② 关于科学模型对洛克经济学理论的影响，见 William Letwin, *The Origins of Scientific Economics* (Garden City: Anchor Books, Doubleday, 1965), pp. 176-178；关于洛克哲学在这方面更多的一般讨论，见 Charles C. Gillispie, *The Edge of Objectivity: An Essay in the History of Scientific Ideas* (Princeton: Princeton University Press, 1960), pp. 159-164。

挥作用。18世纪时的皇家学会变成了业余哲学家和博物学家的俱乐部，最终它科学社团的世界领军地位被法国的巴黎科学院取代。[①]

这并不是说英格兰的科学曾有过实际上的衰落，而是说科学活动变得分散了，它的中心地位已有所降低。但即使这种看法也只是部分真实，因为在18世纪下半叶苏格兰的大学兴起了新的科学中心。77 还有一些证据表明英格兰存在着对科学的非常广泛的兴趣。[②]科学思维，或至少是自然科学的思维，作为关于政治的、经济的和技术的问题与实践进行合理思维的典范，其影响在英格兰要比其他任何地方都更为广泛。

然而，在18世纪期间，法国成为世界科学的中心。到该世纪的最后十年，法国科学在每一个领域都从质量上超越了英国。巴黎科学院成为世界上最负盛名的科学组织。来自全欧洲的进修学者涌入巴黎，获悉最新的科学进展，法语成为整个欧洲科学家和科学团体的通用语言。[③]

正当科学在英格兰完成体制化之际，国家却丧失了科学的领导地位，让位于法国这样传统得多的社会，这看似是个悖论。为了解释这一过程，必须澄清科学主义运动与体制化的科学之间的关系。无论是科学主义运动，还是体制化的科学，它们指的都不是专业的科学家或专业的科学活动，而是指一般意义上人们与科学有关的行为。科学主义运动由一群信仰科学的人组成（哪怕他们不懂科学），

---

① 关于皇家学会在18世纪期间的衰落，参见 Stimson, *op. cit.*, p. 140。按作者所言，18世纪皇家学会超过十年的会员中，没有一位是科学家。会员主要由收藏家、历史学家和图书管理员构成。关于法国以及巴黎科学院的核心重要性，见 John Theodore Merz, *A History of European Thought in the 19th Century* (New York: Dover Publications, Inc., 1965), Vol. I, pp. 41, 89-109。

② Nicholas Hans, *New Trends of Education in the 18th Century* (London: Routledge & Kegan Paul, 1951), pp. 155-158.

③ Merz, *op. cit., loc. cit.*

他们认为科学是通向真理和有效征服自然的一种正确途径，同时也是解决个人及其社会问题的正确途径。[①] 按这一观点，经验科学和数理科学就是解决普遍问题的典范，也是这个世界无限完备性的象征。"运动"一词意味着该群体努力宣扬他们的观点，使其从总体上为社会所接受。当运动达成其目标，它的价值观念被社会真正采用，那么体制化就会接踵而来。

18 世纪英格兰科学的相对衰落，而法国科学的相对快速崛起，其解释似乎就在于科学分别处于运动的和体制的不同阶段。我提出的假说是，在运动阶段产生的这种额外的社会动机，在体制的阶段变得分散，因而强度减弱。因此到 17 世纪中期，科学成为一个开放和进步社会的重要甚或中心的象征，这种社会被英格兰一些有权势的社会团体视为理想社会。然而，在与强大的传统"官方"社会的斗争中，这些团体仍是少数派。无论是他们的信念还是他们的目标，都未被大多数人赞同，至少未被与科学有关的大多数人赞同。因此他们很难有机会，像社会和政治上的改革那样，将其理念付诸实际的检验。 78

只要这种情形持续下去，对科学的兴趣就会出现一次急剧的上升。对少数有天赋的人而言，科学成为他们自由思考、言论和创造的避难所，因为在他们所处的社会中自由被压制，或因缺乏关于宗教和政治的基本前提的共识，而令自由失去了意义。对一个更为宽泛的群体而言（如科学主义革命中接受了培根哲学的知识分子群体，以及他们来自各个阶级的追随者们），经验科学象征

① "科学主义运动"这一术语比琼斯（Jones）在前引书中描述培根主义的兴起时使用的"科学运动"要好一些，因为有必要将专业科学家与其密切相关的运动做出区分，科学主义运动将培根哲学和实验科学作为一般原理，应用于所有的人类和社会问题。牛顿和洛克时代之后的这场运动的发展，及其与法国启蒙运动的关系，见 Gillispie, *op. cit.*, pp. 151-178。

着一个尚未实现的目标：创立一种新的社会秩序，事物通过理性和客观的程序进行变动和改进，而无须没完没了的暴力冲突。

随着光荣革命的到来，情况发生了变化。围绕道德、政治和经济在哲学方面的紧迫问题开展深思熟虑的讨论，已能够重启且必须重启。因为一个开放和多元社会的乌托邦已经部分地实现了（至少在某种程度上，没有剩下哪个感到被排斥和重挫的重要团体），是时候尝试并实现培根许诺的“进步”了。

从而不可避免地，人们转向了社会哲学和技术。他们这样做时，将自然科学和实验程序作为他们的指导原则。但在创建新的社会哲学过程中，自然科学只能起到非常一般性的指导作用，在解决技术问题的过程中也是如此。因此哲学家、经济学家、技术专家和医生不得不更多以经验的方式从事各自感兴趣的研究。少数人尝试做一些更系统性和理论性的研究，比如试图创建医学物理学（或物理医学），但失败了。[①] 这一失败说明兴趣已转向了这些应用领域，对科学的兴趣明显减少。

但必须强调的是，这种兴趣的减少更多是表面现象而非实质。人们醒悟到 18 世纪英格兰理论科学的乏善可陈，却并未动摇对实验方法的信念。实验方法仍是人们努力去理解和掌控所处自然和社会环境的主要手段。这一信念已成为了多数的哲学和技术事业的基础。只是对科学曾有过一些不切实际的期待，但这类想法从此烟消云散了。天资卓越富有创意的人如今有了比以前更为广阔的机会来施展他们的创造力。人们谈论政治、经济和哲学问题时也可以不再害怕暴力冲突，而是在一个恰当的范围内对政策发挥实际的影响。科学主义承诺的技术改进则交由现实进行检验。蒸汽机、纺织机械及其他

① Richard Harrison Shryock, *The Development of Modern Medicine: An Interpretation of the Social and Scientific Factors Involved* (London: Victor Gollancz, Ltd., 1948), pp. 20-40.

技术计划的试验工作都开始在企业的激励下展开，企业的繁荣得益于政策，而政策则是由经济学家们反复斟酌，并根据他们的建议多次变革而来的。这种试验就是科学体制化的一部分：通过试错，找到科学原理适用性的局限，社会体制则根据科学原理发生变革。

但所有这些变革都意味着：（1）社会产生的激励不再像以前那样将创造性天才向自然科学方面引导；（2）在公共辩论中，纯粹科学的进步失去了它们凌驾于政治改革和经济发展的修辞意义。[①] 这些根本性变革已经做出，其问题是经验性的，而非修辞上的。因此科学的成就，其价值仅仅取决于少数科学实践者的运用和业余爱好者的享受。在运动阶段，它们还有一些附加的价值：曾是自由进行知识创造的唯一领域，并在基本意识形态的论战中为自由主义提供了最强有力的论据。简要概括来说，在运动阶段，所有其他各类活动（宗教、经济、政治等）的大量智力刺激和社会兴趣，都导向了科学。而另一方面，在体制化阶段，科学产生的许多智力刺激被广泛分散到科学有所应用的活动中。结果，科学兴趣只是从狭义上可能会有相对的下降，虽然这种下降也许尚不足以为科学方法在其他各类活动中的应用所弥补。

2. 17 世纪法国的科学主义和科学

这种解释同样适用于法国的情况。1666 年巴黎创建了科学院（Académie des Sciences），其建立虽然受到了皇家学会的一些启发，

① 失去这种附带的象征性价值，也体现于人们减少了把科学的权威向文学和人文教育扩展的尝试，Jones, *op. cit.*, pp. 271-272 中对此做过描述，但解释有所不同。

但并非照搬。在科学院之前，法国也有与英国类似的一些非正式的学圈和学院，它们为科学院的设立进行过宣传。实际上，法国的这些非正式团体与英格兰和意大利的团体有着密切的接触。[①]17 世纪 30 年代的马林 · 梅森（Marin Mersenne）就是一个中心人物，他和欧洲所有知名科学家都有通信往来，并在其家中召集笛卡儿、德萨尔格（Desargues）、伽桑狄，以及帕斯卡尔兄弟和罗贝瓦尔（Roberval）等法国当时的领军科学家举行讨论会。梅森和泰奥夫拉斯特 · 雷诺多（Théophraste Renaudot）与哈克和哈特利布在英格兰有过交集，并支持他们和夸美纽斯的教育改革思想。出身于新教的雷诺多——在 1629 年拉罗谢尔（La Rochelle，法国西部海港）陷落后皈依了天主教——以及梅森，尽管他是神职人员，但也被怀疑有改革派倾向。但在梅森的社交圈里面，科学家都不是清教徒。[②]

80

在科学沙龙中从事科学活动的政治家还包括蒙莫（Montmor）、

① 关于巴黎科学院建立之前出现的各种团体，见 Harcourt Brown, *Scientific Organizations in Seventeenth Century France (1620-1680)* (Baltimore: The Williams & Wilkins Company, 1934), pp. 2-7, 18-27, 32, 62-66, 75-76,117-127, 195-199。

② 关于一些参与过法国科学主义运动人士的宗教信仰及态度，见 *ibid.*, p. 36。书中引用了一封关于梅森之死的信，信里提到他是一名胡格诺派教徒，并继续写道："……他并不是全面地信仰这一宗教……他也不敢经常念诵他的祈祷书，因为害怕影响了他的纯正拉丁语。这封信的作者皮诺（André Pineau）是位清教徒。关于法国群体与哈克在英格兰的接触，见 pp. 43-47。关于 1602 年在卡昂组织起来的清教徒领导的团体及其与英国的接触，见 pp. 216-217。萨罗（de Sallo）主持的《学者杂志》（*Journal des Savants*）带有法国天主教和詹森教派的倾向，见 pp. 193-197。关于另一位科学主义运动中的重要人物，即朱斯特尔（Henry Justel），也是一个清教徒，只是在 17 世纪 60 年代声名鹊起。关于雷诺多，见 R. Duplantier, "Le vie Tourmentee et Laborieuse de Theophraste Renaudot", *Bulletin de la societe des antiquaires de l'ouest* (Poitiers), XIV, 3rd series, (1947, 3rd and 4th trimesters), pp. 292-331。关于索毕耶，见 *Biographie Universelle, Ancienne et Moderne*, Vol. 43 (Paris: Chez L. G. Midland, 1825), p. 123, 以及 *A Voyage to England Containing Many Things Relating to the State of Learning, Religion and Other Curiosities of the Kingdom*, by Mons. Sorbiere。以及托马斯 · 斯普拉特（Thomas Sprat，皇家学会会员，时任罗彻斯特主教）的 *Observations on the Same Voyage*，其中有一封索毕耶先生关于 1652 年英格兰和荷兰战争的信件。该信全文被格拉沃罗尔（M. Graverol，译者）置于索毕耶传记前面（London: T. Woodward, 1709）。

奥祖（Auzout）、埃德兰（Hédelin）、泰弗诺（Thevenot）、珀蒂（Petit）、索毕耶（Sorbière）等，只有索毕耶出身于清教。但他们都受到英国榜样和培根哲学的巨大影响。《学者杂志》（*Journal des Savants*）首任主编丹尼斯·德·萨罗（Denis de Sallo）因其明显的法国天主教（Gallican）和詹森教派（Jansenist）倾向（二者在教义上都批判、反对基督教会的立场），迫于教会的压力而去职。[①] 这些群体最重要的宫廷支持者是黎塞留（Richelieu），后来是科尔贝（Colbert）。

因此，在法国那些赞成一种积极支持科学的政策，接受新的科学哲学的人群中，新教徒、法国天主教徒和詹森教徒发挥了重要作用。像对面伦敦的清教徒成员一样，他们同样生活在一个没有唯一且巩固的宗教权威的环境中。他们非常看重科学被承认为一个自主，并在神学上中立的智力活动领域，因为这种承认能够加强宗教多元化的进程，这些团体从而能够存活下去。

但法国的社会结构与英格兰有所不同。的确，法国也存在一个中产阶级，收入来源与英格兰中产阶级大致类似。它也正在成长，前景广阔。但法国的阶级分化要僵化得多，国王的权力远比英格兰更为深入广泛。因此，雷诺多倡导的教育和社会改革的尝试，没有引起巴黎任何比较重要的由科学家和有钱业余人士组成的学圈的关注。[在雷诺多的家乡卢丹（Loudun），倒有一群人似乎对科学和社会改革都有兴趣，其中既有新教徒也有天主教徒。[②]] 被称作蒙莫学院（Montmor Academy）的团体是科学院的直接前身，但与那些促成皇家学会的团体相比，它更像一个上流阶级的沙龙。在巴黎，要克服医学院、索邦神学院、耶稣会等传统既得利益团体的阻碍，难度也

81

① 关于萨罗的去职，见 Harcourt Brown, *op. cit.*, pp. 188-195。

② Duplantier, *op. cit.*

要比在伦敦更大。[①]

结果就是，1666年科学院最终成立时，那些在“科学主义运动”里面的团体（对它们来说，科学有着广泛的社会和技术内涵）没有体现在科学院的院士人选中。皇家学会作为独立的团体，其成员除了成就卓越的科学家，还混杂着业余爱好者和科学政治家，而科学院却是一种高高在上的科学行政部门，由数量不多的颇具声望的科学家组成。

这样安排的意图是为了控制科学，将其影响限定在合乎法国王室心意的那些事情上。王室对精确和经验的科学以及技术予以认可，条件是科学的经验和实验方法不得散布到政治中，科学的普遍主义规范也不得应用于宗教和社会等级方面的问题。[②]

在英格兰的王政复辟到光荣革命期间，这些限制条件也出现过。这一情形明显反映在斯普拉特主教的《皇家学会史》（*History of the Royal Society*）一书的纲领宣言中，它强调了科学的价值中立性。但皇家学会的社会组成及其一些成员的活动，显示它与科学主义运动的密切联系。[③]

因此，虽然在英格兰，皇家学会的建立是迈向科学体制化的决定性一步，但法国科学院的情况有所不同。前者是合法化的宗教多元化和社会变革进程的一部分。科学以其自身的价值获得了认可，但也可以理所当然地认为它意味着对科学主义运动在一定程度上的认可，意味着向自由社会又迈出一步。在王政复辟时期，上述意味没有被官方承认，但即使在那时也是相当明显的。

与此相反，在法国，科学院的创办方式所表现的意图，就是割

① 关于社会僵化的影响，以及有组织的既得利益群体在法国科学主义运动发展中的影响力，见 Brown, *op. cit.*, pp. 142-148。

② *Ibid.*, pp. 117-118,147-148, 160, 200.

③ Purver, *op. cit.*, pp. 34-36, 111.

断专业的科学技术与科学主义运动之间的关联。这是一种将科学从其他社会体制中隔离出来的尝试。科学获得了支持，条件是科学只追求自身目标。此外，科学也要服务于专制君主的经济和军事目的，但它自身要和广阔的社会运动分离开来。

82

结果，科学主义运动在法国继续坚持下来，在18世纪启蒙运动中达到最大的影响。整个18世纪，法国的形势变化与英格兰王政复辟期间的情况差不多。科学主义运动及其支持团体远离政治权力，并遭受传统宗教的阻挠。科学仅得到王室有限度的承认，但对力量日益壮大的科学主义运动来说，科学在更为宽泛的意义上，成为进步的象征。

因此，对科学主义运动而言，法国科学继续保持着象征性的意义。对智力上有创造性的人们而言，法国科学作为自由和安全地进行智力活动的唯一领域，仍继续保持着特权地位。科学院及其众多的外省相应机构甚至拥有权力，无须提交审查就可以出版他们的论文集。[①] 科学是由专制政府支持的，这一事实并未消减它对于科学运动的价值。毕竟这种支持也可以被解释为进步不可遏制的又一个证据。

因此，对英格兰科学的兴起和相对衰落的解释，同样可以解释18世纪世界科学活动的中心向法国的转移。那时在英格兰，仍为实现自身目标而奋斗的科学主义运动，曾赋予科学象征性的意义。但随着科学体制化的完成，这一意义也不复存在。然而在法国，科学的彻底体制化受到了阻碍。因此那里继续存在着日益壮大的科学主义运动，予以科学更多的、在英格兰已失去的那种象征价值。

---

① D. Kronick, *A History of Scientific and Technical Periodicals* (New York: Scarecrow Press, 1962), pp. 132-133. 本书讨论了鲁昂美文、科学与艺术科学院的特权，该科学院参照了巴黎科学院和法兰西铭文与美文学院。似乎是在卡昂科学院的章程中首次提及这些特权，见 *ibid.*, pp. 139-140。在英国，官方的审查制度不太严格，科学型团体只需担心报纸的无情批评，见 *ibid.*, pp. 140-141。

3. 18世纪英格兰和法国科学状况的比较

英格兰和法国在各类要素和动态方面情况的基本相似性，也可以从两国科学家与其他知识分子相比在社会特性和功能上的相似性得到体现。尽管科学院成为专门从事科学探究的场所，尽管法国大革命前还有一些其他政府支持的聘用科学家的机构（此为英格兰所无）。这些中心为科学家提供职位，是把他们看作精英人士，而非普通职业人员。两国的大多数科学家都是出身上层资产阶级和贵族的业余爱好者，他们能够在研究上花得起时间和金钱。[1]法国的正式职位，被设计成为对少数有价值个人的奖赏，如果他们不是来自于有钱阶级，那么就将其提升到那些阶级。但是，这些职位的设计并没有尝试将科学转化为一种常规的职业。

83

科学在两国有着相同的定义和相同的功能，这一事实意味着经验性自然科学的目的，以及科学家的职责，都是做出发现。这就把科学同那些从事人文传统的修复、保存和传播的学问区分开来。两国所期待的科学用途也相似。首要的用途都是技术性的，前面曾经

---

① 关于英格兰，见Stimson, *op. cit.*, pp. 140, 212-213，也见Annan, “The Intellectual Aristocracy”, in J. H. Plumb (ed.), *Studies in Social History*, 1955, pp. 243-287。文章主要讨论的是19世纪，但从中显示出那时的情况与18世纪可能相差不大。关于法国，见René Taton (ed.), *Enseignement et Diffusion des sciences en France an XVIIIe siècle* (Paris: Hermann, 1964), Sixième partie, “Cabinets scientifiques et observatories” (articles by Jean Torlais, Charles Bedel, Roger Hahn, and Yves Laissus), pp. 617-712。文章对于如何进行以及由谁来进行研究提出了很好的观点。耶路撒冷希伯来大学社会学系的雅各·纳翁（Yaacob Nahon）试图追踪Maurice Daumas (ed.), *Histoire des science*, Paris, *Encyclopédie de la pléiade*一书中列举的45位科学家的出身背景，结果显示他们中至少60%能被证明出身于经济较为自足的家庭。总而言之，在法国有一些科学方面的教学和研究的职业机会，而在英格兰完全不存在。似乎法国出身于医生、律师、工程师和文职官员家庭的科学家也比英格兰多。与此相反，在英格兰，更多的科学家是出身于教士家庭，当然这种情况在法国也未出现。

指出，这会让保守群体都能够接受科学。此外，两国都存在一些知识分子团体，这些所谓的哲学家得到富有社会阶级的支持，对他们来说，自然科学和数学提供了正确思维的样板，也是解决社会问题的范式。在英国，这些阶级直接参与政府。在法国，他们以一些公务员为中介对政府施加影响，但往往为政府所拒。两国的专业科学家和哲学家的日常联系都很紧密。而专业自然科学家和其他哲学家之间又存在着区别，尽管这种区别在法国某种程度上被正式化，而在英国时常有些模糊。两国的科学家和其他哲学家互相保持着密切的知识交流，思想和发现（数学除外）能够很快经由通信和人员访问得到跨国传播。[①] 交往中，英国的参与者认为他们仍构成一个独立的科学和智力中心。巴黎的优势地位则体现于这一事实：欧陆其他国家的科学家和知识分子将法国而不是英国作为他们的中心和榜样。它们的科学家和学者前往巴黎而不是伦敦去深造，法语被欧洲知识界奉为通用语。

84

虽然英国在纯粹科学方面稍逊于法国，却保持了知识和科学上的独立性。科学方法已深入广泛地扎根于政治、经济，以及社会哲学中，英国社会永远不会依赖于法国模式——正如那些体制上敌视科学的社会所为。

4. 科学兴趣在欧洲的扩散

现在我们转向科学活动在其他欧洲国家的扩散问题。也许在西欧

① Preserved Smith, *A History of Modern Culture*, Vol. II, *The Enlightenment, 1687-1776* (New York: Collier Books, 1962), pp. 331- 333, 339-347.

北部某些小国、意大利北部和瑞士，存在着类似英法两国那样有利于科学成长的社会背景。但欧陆的其他政治单元，如俄罗斯、普鲁士、奥地利或西班牙，没有出现较大的重要社会群体，对于科学作为一种社会价值进行体制化感兴趣。我们也说不出这些国家有和西欧同样意义上的科学主义运动。就算有过这种运动，它也只是次生性现象，移植了外来的思想和社会角色，社会根基很浅。即使如此，这些“次生性”运动在某种程度上全都是成功的，因为支持它们的知识界容纳了一些重要的、有权势和有才能的人士（其他人则很少有机会了解西欧科学和社会的情况）。成功的另一原因是，科学可能涵盖的技术（包括军事技术）是说服每个统治者的重要论据。由于这个原因，以法国为例，最重要的组成部分是科学院，但它却是一种将科学从体制上隔绝起来的设置。所有欧洲专制统治者都想让科学为自己服务，但他们对科学可能造成的社会后果也有所忌惮。因此欧洲各地为支持科学而兴建了科学院及其他机构（常常邀请外国人任职），却少有对应于英法两国的私人哲学学圈，它们无足轻重，不时遭受打击。[1]

5. 科学主义运动脱离科学共同体

从法国开始，科学主义运动与专业科学之间在体制上有了区别，这些次生中心的出现进一步加深了这种区别。两种情况的原因是相似的：这些仍然因循守旧的社会能够接纳科学，是因为从宗教和保守阶级的传统观点看，科学具有中立性；但鼓吹社会变革的科学主义哲学，则无法被接受。

85

---

① Preserved Smith, *op. cit.*, pp. 121-133.

这一背景促成了专业科学或科学共同体脱离于科学主义运动。实际上科学家从一开始就对科学主义运动持模棱两可的态度。一方面，科学家显然知道科学主义运动给予了他们很多支持。他们也明白科学方法从总体上对哲学思想有着重要的意蕴。小而言之，它令大多数通过抽象思辨和/或求助传统权威的论证方式不再有效；大而言之，所有社会事务，都必须像自然科学那样用同样的实验方式来处理。因为这种处理方式，科学家通常对科学主义哲学和社会运动持同情态度。

但在另一方面，实验科学最重要的方面之一就是其精确性和专门性。每一种变量都必须测量，因为微乎其微到甚至凭想象都难以觉察的偏差，可能决定一个理论的正确与否。并且，指导科学探究的，不是哲学家所设想的具有普遍意义的标准，而是严格地根据那些与现有理论和方法相关联、相融合的标准。17 世纪为争取现代自然科学的尊严而进行的伟大斗争，也部分是为了争取科学家精确步骤和操作方法的尊严。皇家学会早期曾纲领性地强调过这种方法，科学院也严格遵循了这种方法。就此而言，科学主义运动的广泛智力目标，不仅与科学探究的专业性不一致，而且对其完整性和专业性构成了威胁。

在强调科学的特殊性和价值中立性上，机会主义也发挥了作用。在法国以及欧陆其他国家，科学获得的官方支持都来自于专制的、保守的统治者。科学坚守严格的中立性和专业性，使得只有专家才能从事科学，从而开创了一种自由的科学探究条件，也免受裙带关系或其他的政府的干预。

作为经验科学定义的组成部分，这种专业性和价值中立，有助于在欧洲创建一个国际性的科学共同体。虽然产生科学共同体所必需的社会条件只在英格兰（以及某种程度上的法国）盛行，但只要这些条件在这两个领先国家存在过，科学的专业性和中立性就会从制度上隔离出来，并在整个欧陆发展壮大。科学向多种不同类型的社会和文化的扩散，有助于进一步加强科学共同体的独立身份。欧洲科学家之间密切交流网络的形成，也日益将业余爱好者和一般哲学家排除在外。86

到 18 世纪末，科学主义运动中的业余爱好者，与科学共同体中的专家分道扬镳，开创了一个新的局面。一方面，科学的职业化因素开始出现；另一方面，由于学术上的特权，科学家在一定程度上成为传统主义社会下特权阶级的一部分。以下两章我们就将探讨这步发展所蕴含的意义。87

第六章

集权自由主义政体下法国科学中心地位的兴衰

发生于18世纪下半叶的科学中心从英格兰向法国的转移，并没有非常显著地确立法国的优势。法国是科学世界的中心，但对英格兰来说，它只是略胜一筹的竞争者，不过是共同的智力事业中一个地位较高的合作者而已。但在19世纪前30年，法国科学的优势地位更加不容置疑地确立了。[①] 尽管英格兰也有诸如道尔顿（Dalton）、戴 88

① 在1771—1900年的26个五年周期中，热学、光学、磁学和电学领域的发现，英格兰领先于法国或德国的有8个五年周期，德国领先其他两国的有11个五年周期，法国领先其他两个国家的有6个五年周期，还有1个五年周期英格兰和法国平分秋色。在英格兰处于优势地位的8个五年周期中，有7个处于1771—1810年；在德国处于优势的11个五年周期中，有10个介于1851—1900年，当时德国在每个五年周期均领先。法国的全盛时期在1815—1830年，1841—1850年是法国又恢复领先的时期。见T.J. Rainoff, "Wave-like Fluctuations of Creative Productivity in the Development of West European Physics in the Eighteenth and Nineteenth Centuries", *Isis*, XII, 2 (May, 1929), pp. 311-313, tables 4-6。在生理学领域，1800—1824年时段的5个五年周期里面，法国在其中3个的原创性贡献数量方面居于领先地位，直到1824年。此后到1924年，德国在每一个五年周期中都保持领先。在1800—1826年，类似的医学发现的数量计算显示，法国在1800—1829年处于领先地位，而在此后的每10年中，德国的发现量一直保持领先，直到1910年领先优势转移至美国。见A. Zloczower, "Analysis of the Social Conditions of Scientific Productivity in 19th Century Germany" (unpublished M. A. dissertation, Hebrew University of Jerusalem)，资料基础来自K.E. Rothschuh, *Entwicklungsge-schichte physiologischer Probleme in Tabellenform* (Munich: Urban & Schwarzenbereg, 1952)，以及J. Ben-David, "Scientific Productivity and Academic Organization", *American Sociological Review*, XXV, 6 (December, 1960), p.830 and tables 1,2,5 in the Appendix。

维（Davy）、法拉第、托马斯·扬（Thomas Young）等耀眼的科学家，但无论是英格兰还是其他地方，都无法在当时各个科学领域遍布一流的科学家。只有在法国，或更准确地说在巴黎，科学的各个领域都开展着高水平的研究。①

与17、18世纪业余模式的科学不同，这种系统地涵盖各门科学的单一中心，被解释为首例有组织的、职业化的科学。这一观点似乎得到了支持——法国存在几所科学的高等教育机构，比其他国家的同类机构更为先进。但这种观点很难与另一事实相符——法国科学的领先地位在19世纪三四十年代就走到了尽头。如果这真的是首例有组织的职业化科学，那么法国科学的优势就应该持续30年以上。职业化的科学应该在第二代和第三代产出其最好的成果。

大革命之后法国科学的巨大高潮，与1794—1800年成立的高等教育新机构之间只有间接的联系，那些机构也并不构成有组织的职业化科学的开端。毋宁说它们是18世纪科学工作模式的顶峰。此外，在旧制度的最后几十年中，一些社会力量集合起来促进了科学的成长，经过大革命的暂时打断后，又在拿破仑和复辟时期重现并得到加强，从而产生了科学的高潮。这一解释与高潮的持续时段相符，也与19世纪30年代开始的诡异的衰退相一致，那时的自由政体终于可能将科学的价值观在法国进行"体制化"了。

本章的第一部分即试图证实上述解释。第二部分尝试探索法国科学在19世纪剩余时间以及20世纪中的结构和运行。这样做的主要目的是想搞清楚，尽管与英格兰体系有许多平行之处，法国科学在应对有组织的科学研究的挑战时，为什么相对来说效果寥寥。有

89

① 见Maurice Crosland, *The Society of Aruceil: A View of French Science at the Time of Napoleon* (London: Heinemann, 1967), pp. 429-467。

组织的科学研究约 19 世纪中期出现于德国，接着在美国发扬光大。

1. 科学主义在科学进步中的重要性

大革命期间，建立了新的科学教育机构，设立了科学家、学者、哲学家等正规职业，促成这些的压力来自于持科学主义的哲学家和其他知识分子的要求，而非专业科学家的要求。这种情况的发生，是由科学主义运动和专业科学之间在学术形式上模棱两可的关系决定的，上一章已对此进行过讨论。

在法国的知识分子看来，科学主义运动从一开始，就是由那些在政治和经济上怀有实际利益的人构成的。他们将科学作为典范运用于政治和经济事务，主要目的是为其想进行的变革提供客观的、"科学的"必要性依据，这是他们在传统观点中无法得到也不会得到支持的。他们的想法常常是粗陋和肤浅的。当科学定律运用于人类行为时，就会出现大量的意义混淆，以及事实陈述和价值判断之间的许多混淆。在很多关于人和社会的哲学思想中，这种混淆足足从 18 世纪延续到 19 世纪。[1]

然而，直到 18 世纪下半叶，哲学家仍没有提出这样的问题，即凭借人类智慧的努力，是否存在除了经验科学以外可以达到真理的方法。他们公开地或暗地里已接受了牛顿的自然科学和培根的知识战略，将其视为除神启之外，获得有意义的、客观有效的知识的唯一可用方法。他们的目标是探讨这种方法和知识的构成因素，并将

① Charles C. Gillispie, *The Edge of Objectivity: An Essay in the History of Scientific Ideas* (Princeton: Princeton University Press, 1960), pp. 151-157.

结论应用到道德、政治和经济领域。

在18世纪的大国中，只有在英国，人们可以宣扬变革或改良，而无受迫害之虞。而且，英国知识分子所属的社会阶层堪称上流中产阶级。他们通常富有，社会关系优越，许多人从神职或政府职务中领取薪俸，也有人从事独立的职业工作。他们本身不是政客，但他们通常与政治领袖有直接的联系，并经常为其出谋划策。因此毫不奇怪，他们掌握着关于政治、经济和立法的第一手知识，却鲜有革命性或空想性的观点。他们试着把科学运用于解决社会的实际问题，这与那个时代的大发明家将科学的方法应用于建造机器和治疗疾病上，形式上并没有多少差异。他们清楚地知道他们所要解决问题的复杂性和特殊性，并不指望从几个基本原理中演绎出改良社会的建议。即使像边沁（Bentham）这样性格倾向于从基本原理进行推论的人，也不得不面对大量现实社会的智械机巧（gadgeteering）。[1]

德意志则差不多位于天平的另一端，这个国家（或不如说是几个国家组成的地区）只有统治者发起的变革才是合法的，知识分子（除了少数外国人）无法参与政策的制定。因此不能用英法两国那样的方式来处理政治和经济问题。最后，法国有点儿介于英、德两国之间。知识分子在法国社会中的地位类似于英国社会。他们中出类拔萃者都是上流中产阶级的成员，并与统治集团保持着良好的关系。但同时，法国在很多方面的治理方式甚至比普鲁士和其他德意志邦国更为传统。宗教多元化不为官方所容忍，令人诟病的地位和等级差别却得到官方支持，在神圣不可侵犯的传统特权面前，任何社会改良的念

90

① Shirley Letwin, *The Pursuit of Certainty* (Cambridge: Cambridge University Press, 1965), pp. 176-188.

头都必须叫停。[①]

另一方面的情况是关于变革的合法性，社会共识达到何种程度。在英国，社会异端和社会变革被普遍接受，即使那些将其视为罪恶的人，也还能对其听任并共处。在德国，变革和异端只能被极少数人接受，尽管这些人在统治集团中的影响常常超出其比例（也无济于事）。然而在法国，社会被更为平均地划分为支持变革和反对变革两大阵营，两大阵营的势力平衡比任何其他地方都要微妙。因为教会和官方教育机构从总体上（只有少数例外，如法兰西学院和部分科学院）由传统阵营所垄断，所以在教育和宗教问题上，进步势力和传统势力的冲突格外激烈。

托克维尔（Tocqueville）已经描述了这种情况对法国政治思想的影响，他认为，关于社会的思想如果不进行试验，就无法判断它们的效果。因此，这些思想变得越来越抽象和教条。[②] 这就是他对大革命前法国状况的解释。而且，因为知识分子认识到，或至少是相信，他们改变不了任何东西，所以他们写作的目的就是制造令人瞩目的知识效果，鼓动舆论。

而让这种趋势进一步加强并通往新方向的是，同一个政府，给予自然科学家令人侧目的荣耀，却迫害和轻视其他知识分子，以及商人、技工和高级工匠中支持科学主义运动的人。结果，即使那些当初最热烈地支持科学的团体，也变得对科学爱恨交织。一方面，这些团体仍有志于建立一个更为自由的社会，这些哲学家及其具有科学主义思想的公众，目标仍然是通过社会的改良而发生变化和改 91

① Preserved Smith, *A History of Modern Culture*, Vol. II, *The Enlightenment, 1687-1776* (New York: Collier Books, 1962), pp. 483-490. 史密斯表明，普鲁士的新闻界在宗教事务上的报道是相当自由的，甚至可以讽刺政权。但对政府实际的行为进行批评是不被允许的，而且知识分子的意见对政府来说并不重要。

② Alexis de Tocqueville, *L'Ancien Regime* (Oxford: Basil Blackwell, 1937), pp. 147-157.

进。科学似乎是这些改良不可或缺的部分，继续充当它们的一个重要象征。另一方面，他们想要的那种科学，是他们能够参与其中，并与他们的抱负联系起来。①

这种情形引起了人们对作为探索逻辑之范例的牛顿科学的有效性的质疑。人们的注意力转向了认知的内容和方法，它们在当时被认为是未纳入科学范畴的。例如，狄德罗选取抬高化学和生物学来代替数理科学作为科学的范例，而卢梭则指出科学不足以描述人的道德经验，并提出一个新的关于自然的直觉概念作为正确的方法，以达到真正的理解。

狄德罗和卢梭提出的问题都是正确的，与洛克和休谟提出的那些问题一样，都隐含在自然科学和社会科学之中。从这一意义上讲，这些问题是随着内在的理性发展而浮现的。实际上，狄德罗提出的复杂结构的处理问题，成为 19 世纪有机化学、生物学和电磁学的主要成就。18 世纪科学仍不足以解释一些技术上已经成功解决的问题，蒸汽机的发明就是一个典型。②

卢梭提出的问题同样如此。世俗社会中道德价值正当性的基础，以及科学方法体系中创造性直觉的地位，都是此后社会科学要时常回应的基本问题。对现代社会的道德共识进行的思索，最终促使马克斯·韦伯（Max Weber）和埃米尔·涂尔干（Émile Durkheim）创立了现代社会学。③ 即使到今天，直觉和形而上学在科学发现中的地

① Gillispie, *op. cit.*, pp. 178-201.

② *Ibid.*, pp. 173,184-192.

③ Talcott Parson, *The Structure of Social Action* (New York: McGraw-Hill, 1937), pp. 307-324; Raymond Aron, *Main Currents in Sociological Thought*, Vol. I (New York: Basic Books, 1965), pp. 88-91, 198-202, and Vol. II , pp. 11-23.

位问题，依然在哲学家中争论热烈。①

这步进展的长远影响是非常重大的。一方面，经验主义的社会科学倾向选取那些适合进行经验研究的问题，只在一些正式场合才讨论基本的形而上学问题（如英国），与此同时，法国形成的传统则是，提出基本的哲学问题，而较少考虑它们的实际影响，或可实证展示的解答。提出的基本问题，无论从原则上讲多么具有正当性，它们只在少数情况下对知识有所贡献，而且通常为“常规科学”所回避。②18世纪英国社会哲学家在这方面表现得就像“常规科学家”。即使休谟等人提出的根本性问题，也从未被推向极端而变成抽象教条，对全部道德秩序的有效性以及社会改良的理性探索产生怀疑。③在法国，对问题的思索正是被推向了这样的极端。即使这不是哲学家们的本意，他们的思想也被轻易地用于政治或意识形态的言论中，对政治和道德秩序的根基进行攻击。④

92

这里令人感兴趣的倒不是这些问题的正当性，而是提出它们后带来的影响。这步发展意味着兴起了新的智力运动，它是世俗的和非科学的（或甚至潜在地反科学），既不接受宗教正统的规训，也不接受科学方法的约束。

然而，这些并非其直接结果。狄德罗和卢梭都是启蒙运动人物，他们思想的短期影响是让人们对自己的智力和道德能力更为乐观。这意味着放松了哲学上（甚至科学思想上）的规训和责任感，但是，

---

① Thomas S. Kuhn, *The Structure of Scientific Revolutions* (Chicago: Chicago University Press, 1963), pp. 84-90.

② *Ibid.*, pp. 35-36, 76-79.

③ Elie Halévy, *The Growth of Philosophic Radicalism* (Boston: The Beacon Press, 1955), pp. 11-13; 正如已经指出的，甚至英国哲学家中最教条主义的边沁也是如此。

④ Lester G. Crocker, *An Age of Crisis: Man and the Word in 18th Century French Thought* (Baltimore: Johns Hopkins Press, 1959), pp. 9-106, 461-473.

这并非否定自然科学作为智力探究的范例，也非放弃科学主义运动的政治和教育理想。放松智力上的规训，同时又坚持科学主义运动的目标，这就使得科学主义运动演变为一场民众运动。[①] 因此科学主义运动在政治上和社会上的目标受挫，使得人们转向其哲学上的主题，与其说他们想为实际问题提供解答，不如说是为了在文学上有所成就。这反过来普及了科学主义运动，引发了巨大的思想上的骚动，表现为法国各地纷纷设立地方科学院，各个文学圈、俱乐部都在热切地讨论科学、社会和经济问题以及哲学。

科学和哲学兴趣的大众化，扭转了专门科学和科学主义运动之间渐行渐远的势头。公众对科学的讨论，坚持认为科学应该在社会上、技术上和政治上"有关联"。尽管这种"相关性"要求中潜藏着一些反科学的种子，甚至公开利用科学进行招摇撞骗，如著名的马拉（Marat）一例，但它也蕴含着对科学的爱戴，支持科学并尽可能广泛地运用科学的意愿。

知识分子被完全隔离在官方教育机构之外，特别是教会控制下的索邦大学（几个相应学院由医学和法学行会管辖）。一般来说，他们也反对罗马天主教会。就算官方学术机构没有真正压制那些新潮智力活动的参与者，他们也会感觉受到了迫害。他们认为，这些机构及其豢养的知识分子，所拥有的势力和官方特权，统统都是不合法的。[②]

93

① D. Mornet, *Les Origines intellectuells de la révolution française, 1715-1787* (Paris: Armand Colin, 1934), pp. 35-95, 125-127.

② *Op. cit.*, pp. 129-134, 150, 177, 270-281.

2. 大革命和拿破仑时期对学术机构的改革

恐怖统治（Reign of Terror）时期造成浩劫之后，法国创立了一套新的教育和科学结构，世俗知识分子接管了先前由教士们行使的知识垄断权。正因如此（而非出于科学的内在要求），导致了新的教育组织和政府部门的设立，为包括科学家在内的世俗知识分子提供了职业。知识分子运动的科学主义观点及其对科学的高度重视，设置了教育系统的结构。位于系统顶层的是一些大学校（grandes écoles，包括几所旧政权时期设立的），任务是为政府公职和高等教育（也包括高阶段的中学）培养人才。这些大学校中最著名的有：综合理工学校（Ecole polytechnique），培养民用和军事的工程师；巴黎高师（Ecole normale），初衷是为高阶段教育培养新的教员群体，但经一系列变革之后，培养的教员也面向公立高中（lycée）、初中（collège）和专科学院（习惯意义上的大学于 1793 年被废除了，1896 年只是在名义上再度设立，因此所有专科学院都形成了分离的机构），以及巴黎卫生学校（Ecole de santé），即后来的巴黎医学院（Ecole de médecine）。

按当时的水准，这些教育机构拥有精良的实验室设施，还有一些纯粹研究机构作为补充：法兰西研究院（Institut，兼具研究和荣誉性质的机构）、巴黎自然历史博物馆（Musée d'histoire naturelle）和天文台（Observatoire）。[①] 但无论在教学或研究的组织方面，它们未呈现任何的新观念。“开明的”专制政权青睐专门化的学

① Charles Newman, *The Evolution of Medical Education in the Nineteenth Century* (London: Oxford University Press, 1957), p. 48, and Maurice Crosland, *op. cit.*, pp. 190-231.

校，为各类职业培养人才，这在大革命前即已存在（如巴黎路桥学校，Ecole de ponts et chaussées）。即使纯科学性质的精英机构，如法兰西学院（Collège de France）和自然历史博物馆，也是在大革命之前就奠定了它们的主要性质。[①] 法兰西学院甚至成为更为突出的机构，在学术自由的精神指引下，所有领域科学和学术的讲授都达到了最高的科学水平；自由探究的精神也被带到一些新建的专门学校，如明显是为培养职业实践者而建的综合理工学校。[②]

94

3. 新机构体系中研究的地位

教会控制的中学已于 1793 年被废除，设计出来的替代者是文理科的“中心学校”，只有它们才代表了新教育的实验，与先前所有的学校相比有了质的区别。尽管它们本意是成为中专院校，但在很多方面为建立现代大学进行了初次尝试。[③] 若是这些学校能够得以维持，它们很可能会产生从事研究的正式职业，并形成有组织研究的模式（最终在德国形成）。但这一试验很快就半途而废了。尽管现在有了为数更多、质量比以前更高的专科学校，却固化了 18 世纪的科学角色和科学工作的方式。它们的教师或者应该训练学生准备参加专科考试，以从事某种职业；或者向不加区分的听众做些自由讲座。

① Ernest Lavisse, *Histoire de France Illustrée,* Vol. Ⅸ (Paris: Librairie Hachette, 1929), pp. 301-304, and René Taton (ed.), *A General History of the Sciences,* Vol. Ⅲ ,*Science in the 19th Century* (London: Thames and Hudson, 1964), pp. 259-440, 511-615.

② Gillispie, *op. cit.*, pp. 176-178.

③ Louis Liard, *L'Enseignement supérieur,* Vol. II(Paris: Armand Colin, 1894), pp. 1-18, and Georges Lefebvre, *The French Revolution: From 1793 to 1799* (London: Routledge & Kegan Paul, 1964), pp. 290-292.

这些活动都无法让科学研究落脚到上述机构中去，也无法让学生参与到教师的研究中来。虽然大多数科学家成了教师，但研究仍然是一项私人的活动，这和大革命前科学家靠各种职业赚钱维生并无不同。教学是一种部分闲职，为从事研究提供了机会，但除此之外，它与研究再无其他任何关系。其他的部分闲职，比如某项行政任命，也是可以接受的选择。[1] 就研究而言，业余型仍然较为普遍。

研究工作隔离于教学之外的情况仍然延续，是因为没有学术的或经济的刺激以克服它。正如前面已经指出，若是中心学校能维持下来，也许会出现将教学和研究这两个角色合并的需求。但实际情况是，反对这种合并的理由也很充分。

在 17、18 世纪的英国和法国，科学的概念中不包含人文研究。诸如科学方法应该在多大程度上运用于人文研究之类的问题，直到 19 世纪受德国学术的影响才在这些国家变成一个重要话题。[2] 这并不是说 19 世纪早期法国学者在这些领域不够杰出。在某些领域，如东方学，巴黎实为世界的中心。[3] 但大家公认，人文学科具有重要的美学和道德方面的内容，使之迥异于科学。这些方面在教育上的重要性从未被抹杀。另一方面，自然科学，以及科学主义的社会科学，则被认为能实际应用于技术、经济和政府管理上，也是人文学科所不及的。因此，人文领域和较新的科学领域之间只有部分的功能重叠，当时还没有认识到，单一组织便可以适宜地开展所有这些不同领域的工作，人们采用相似的探究和讲授方法，把自己看作同一职业的

95

① 关于法国科学家的就业问题，见 Crosland, *op. cit.*, pp. 1-5, 70, 151-179。将其解释为业余爱好者模式的延续，这是我的观点，而不是克罗斯兰（Crosland）的。

② Terry N. Clark, *Institutionalization on Innovations in Higher Education: Social Research in France, 1850-1914*（这是提交给哥伦比亚大学政治科学系的一份未发表的博士论文，1966), pp. 319-321.

③ Liard, *op. cit.*, pp. 172-173.

成员。

这就解释了为什么科学家（拿破仑称帝前是科学主义哲学家）掌握了教育系统的要害部门和部分行政机构，却没有像后来德国那样，实现教育系统的全面“科学化”。在德国，即使人文学科也是按照基于系统语言学的科学方式，在高校和中学里面讲授。

尽管大革命时期每位科学家和哲学家都确信教育需要进行彻底的改革，特别是要大幅引入科学方面的内容，却没有意识到科学研究也有不尽如人意的地方。在现有私立实验室的单兵作战模式下，法国科学家比任何人都做得更好。他们没有改变这种模式并将科学研究阵地转移到教育机构中的需求或愿望。因此，虽然大革命期间可以恰当地被视为开创了科学的教育政策，但它并未开创一个深思熟虑的科学政策。

从对学术自由的态度看，教育（充斥着科学）和研究之间有着明显的区别。人们常常提起 19 世纪法国制度中明显缺乏这种自由。然而，法国的研究工作者和别国研究工作者一样，认识到科学自由的重要性，对研究自由没有任何的干预迹象。但教育是另外一回事。法国科学家和科学主义哲学家坚持摆脱教会对学校系统的控制，却无意清除国家对学校系统的直接控制（国家有培养忠实公民的非科学意图），也无意指令那些非科学领域的教育家们如何开展工作。事实上，他们把国家对教育的严格控制，视为防范教会控制卷土重来的必要措施。

96

对科学家来说，反对国家掌控教育是毫无理由的，因为他们自己就在公务员系统，特别是教育管理系统中身居要职。[1] 教育改革家们盼望着开创一个科学和技术发挥引领作用的新社会。在他们设想

---

① 关于大革命后期以及拿破仑时期科学家的重要性，见 Crosland, *op. cit.*, pp. 1-5, 70, 151-179。

的国家中，由于资助研究工作，发现了一批科学和技术上出色的领军人物，加之勤奋爱国的公民劳作，经济产量和社会财富将达到新的高度。[①] 因此讲授科学只不过是分派给科学家的许多任务之一，而且并非他们的专属领域。研究的私密性保证了科学家的自由。对有能力的科学家来说，只需通过若干私人途径和一点公共设施就能完全实现。18 世纪的研究模式能够充分满足这种需求，其规模也随着新的机遇而大幅增加。

4. 为什么法国科学兴盛于 19 世纪前 30 年

拿破仑的政策进一步强化了 18 世纪的模式。停办中心学校，在小学、中学以及部分高等学校重新启用传统的教学大纲，唯一潜在的变革苗头被清除了。但拿破仑的任何政策都没有损害到专业科学，也没有逆转越来越多地利用科学家的服务实现各种功能的趋势。高品位的科学精神盛行于一些大学校和少数大学的院系中。[②] 领军科学家和政治精英之间的联系，发端于旧制度的最后十年，当时的规模很小，现在大幅扩展了。科学家作为一个阶层，而不仅仅是一些享有特权的个体，在大革命的最后几年中跻身于官方精英，并在拿破仑时代也保持着这种地位。贝托莱（Berthollet）、居维叶（Cuvier）、拉普拉斯（Laplace）和其他一些人在政府担任要职，并且（或者）成为皇帝信赖的谋士。帝国日益加强的独裁统治，以及复辟时期的反动政策，也许降低了科学家的实际影响力。但他们的潜在影响力并

① John Theodore Merz, *A History of European Thought in the Nineteenth Century*, Vol. I (New York: Dover Publication, 1965), pp. 110-111, 149-156.

② Liard, *op. cit.*, pp. 57-124.

未随之下降，因为他们仍然是精英集团的成员。[①]

考察大革命前后科学家的职业（见表6-1），可以明显看到新的机遇敞开了大门。1789年以前，大部分科学家都是富人（贵族、医生等），利用自己的财富支持其科学工作。就连拉瓦锡这位当时最接近职业科学家的人，也不得不成为包税人，每周只能有一个整天从事科学工作，其余时间则一边从事经营，一边做点研究。[②]

97

表6-1 18世纪出生的法国科学家的职业类型

出生年份	传统的	现代的	从传统到现代	不详
1745年及以前	31	8	10	0
1746—1755	14	3	9	1
1756—1769	5	5	8	1
1770—1789	6	34	2	2

传统的：教士、律师、医生、实业家、工程师、业主、军官，以及与教育无关的公务员；
现代的：教师、研究工作者、与教育相关的公务员；
从传统到现代：那些从第一类职业转到第二类职业的人。
资料来源：本表根据从多种书籍和传记中搜集累积的科学家名单，力求全面

1789年以后，法国的科学家一般都拥有了公职，或者从事高等教育，或者担任教育部门的公务员（偶尔也有其他部门的公务员职位，大多因其科学成就而授予）。

因此，没有理由再对教士阶层垄断教育和一般知识而愤愤不平了。拿破仑时代对革命期间改革措施的反动也没有改变这个事实。科学家当然没有理由还感到传统等级特权和教会垄断妨碍了自己发挥才能，收获应得的社会利益。[③]

① Crosland, *op. cit.*, pp. 4-5, 20-26, 42.

② Gillispie, *op. cit.*, p. 215.

③ Lefebvre, *op. cit.*, p. 305.

甚至新形势下默认的道德问题也不如表现的那么严重。革命后期激发教育改革的条件已经消失了。在一个阶级封闭的社会，权力、荣誉和经济方式都按照有组织的身份等级进行分配，所有“现代”知识分子的迫切目标就是让自己取代既有知识分子的身份（教会和大学的法人地位）。然而，随着等级制度的废除，整个景象发生了改变。就在科学主义运动掌握了教育垄断权的时候，这种垄断权却已无法确保科学家和哲学家获得体面和资源。一旦全社会都向他们开放，教育也就变成一个无关紧要的问题了。 98

最后，并非只有科学家才抛弃了大革命时期的教育思想。大革命前席卷各个阶级的知识大动荡已经平息。拿破仑的专制教育政策也许和自由放任体制下的政策不会有太大的差别，不过后者可能有更多的实验性和更为多样化罢了。正如没有人想让全面的革命动乱延续下去，也很少有人支持科学主义倾向在教育中的延续。[①]

同样地，人们对继续推行孔多塞的教育乌托邦失去热情，它本应在最高层面上创造高等教育机会，提供给所有能够借此从知识上受益的人们。为遍布全国的中心学校遴选合格的教师和学生也非轻而易举。人们也无意对教育系统进行强行灌输，以让其能够发挥促进社会地位平等的作用。法律规定的等级差别已被废除，法国没有人再想和阶级制度有什么瓜葛。[②]

因此，革命和拿破仑改革的最终结果，是加强了18世纪科学工作的模式和概念。这一组织系统的顶端由法兰西研究院和大学校构成，它们都是革命前就存在的机构。而且，新的大学校不必再与那些拥有特权、不务科学的大学进行斗争了。那些大学已经裁撤，被

① Paul Gerbod, *La Condition universitaire en France au XIXe siècle* (Paris: Presses Universitaires, 1965), pp. 78-81.

② Lefebvre, *op. cit.*, pp. 291-309.

专科学院取而代之，但拥有的特权比不上大学校。最后，有些学院也讲授科学，而且中学教育也引入了少量的科学教学。[①]

因此，1800—1830年法国科学的盛极一时，并不是在科学的训练、研究或运用方面出现了新思想或新实践的结果。不如说，这是加强了对科学支持的结果，或许是对科学的热情（仍以18世纪的方式）增加的结果。产生这些结果的条件与大革命前就存在的条件是相同的。革命时期的过激措施和动乱，产生了一种针对政治和教育改革，以及意识形态成见的反作用。而在同一时期，支持科学主义运动的阶级大大增强。此后的历届法国政府，即使是反动的政府，也不得不认真对待并安抚他们。各种因素都与英国王政复辟和法国旧政体最后数十年的情况类似，但平衡进一步向有利于科学的方向倾斜。

99

这种精神反映在支持科学研究的方式上。有些大学校得到了豪华的设施。但这种支持并不是着眼于为系统培养未来的研究工作者而创建公共设施，因为培养的目的是实用性的，没有涵盖如何准备学位论文。这其实只是一次支持科学的公开表态。这么说的证据是，没有制定相应政策，让这些设施能随时更新，或根据科学千变万化的需要和培养学生的数量而有所发展。[②]

尽管只有少数情况下，为了培养相对较多的学生，新设施能够得到有效的利用，但无论如何，这些设施为从事科学研究和获取科学知识提供了更多的机会，尤其是大大推动了人们学习并擅长科学。因此，大革命后幸存的老科学家和大革命期间成长起来的一代科学家抓住了这些机遇。两代科学家的交会从而硕果累累，他们之间的

---

① 关于拿破仑改革之后的高等教育情况，见 Liard, *op. cit.*, pp. 119-124。

② *Ibid.*, pp. 209-218.

交替使得科学活动的水平有了一次巨大提升。[①]

5. 1830 年后的停滞与衰落

科学繁荣期之后的 19 世纪三四十年代，法国的科学活动进入停滞并接着相对衰落了。拿破仑时期以后，科学在法国社会的阶级结构中的处境变成类似于英格兰的情况。科学家和经历短暂压制之后的科学主义知识分子一样，能够追求到他们所渴望的任何荣誉和影响，从这个意义上讲，科学现在已经“体制化”了。人们可以使用科学知识，并将其应用到尽可能广泛的领域，这方面的任何成功，都会得到社会的认可和欢迎。

那么，18 世纪 90 年代半途而废的改革所提供的机会一旦得到充分利用，教育和科学制度也就不再有变革的动机。当拿破仑时代和复辟时期走向终点，出现了一个重启大革命时期教育改革工作的机会。但这样做的尝试遭到挫败，因为政治上的考虑要优先于科学和教育的兴趣。[②] 正如光荣革命之后的英格兰，在法国，科学的“体制化”也导致了科学热情的相对衰减。一旦革命性的改变所开创的机遇得到了利用，人们的兴趣就会转向社会改良、社会哲学（傅立叶、圣西门、孔德）和技术活动。 100

因此，到 19 世纪 30 年代，科学就已经失去了它在 18 世纪时所

① Crosland, *op. cit.*, pp. 97-146. 其中有一些与阿卡伊尔学会（Society of Arcueil）有联系的科学家传记，对两代人之间的聚会进行了描述。

② 基佐（Guizot）和库辛（Cousin）提出了更替教职人员并让他们自治的思想，但未被采用，因为人们担心国家对学位授予权的任何放松管制，都有可能会被教会用来加强其自身的教育体系。这种担心足以挫败改革，因为对更高水平的科学和学术教育尚无引人注意的要求，见 Liard, *op. cit.*, pp. 179-199, 215-217。

拥有的符号般的魅力（这种魅力在19世纪头十年还一度得到加强）。法国是一个能够提供许多其他诱人机会的社会。在1780年，如果一个有才华的年轻人能够在科学和更为实用的兴趣面前选择的话，他大概会首先选择到科学领域碰碰运气。[1]但到1840年，他也许更青睐那些实用政治学、商业、工业或文学创作等。[2]与从事科学相比，这些活动同样能让他得到自由，收入却持平或更高。

科学的增长从而平静下来，进入和英国相似的模式。有创造力的科学家不是由教育和科学系统中任何特殊部门打造或培养出来的。他们或者是一些个体，有着强烈个人使命感或超常天赋，或者是某些有着深厚科学兴趣传统的家族的成员（也许遗传了一些才能）。这些人寻师问道，才前往索邦大学、法兰西学院、高等师范学校，或其他碰巧什么地方。

相应地，法国科学在1830—1840年这十年的发展，可以被解释为一个科学价值观念的体制化程度的函数。对科学的支持来自于一种对实用主义的和“进步的”社会秩序的信仰。如果这种信仰没有被在全民政治上和经济上重要的群体接受，那么基本上就不会有科学活动。如果这种信仰获得了支持，科学活动的规模就会随着支

---

① 马拉是体现科学对怀有雄心壮志的年轻人具有吸引力的很好实例，他在大革命前是新闻工作和政治方面的人才，见 Louis R. Gottschalk, *Jean-Paul Marat: A Study in Radicalism* (New York: Greenberg), pp. 8-31。

② 见 Liard, *op. cit.*, pp. 211-222，说明了19世纪40年代，人们对科学和学术的兴趣相对缺乏，为了政治生涯而放弃学术职业。拿破仑的改革措施实施后，一直持续到1880年，科学的微弱吸引力可以从法国各院系授予的寥寥无几的科学文凭中显露出来。只有在1861—1870年的十年中，每年获得科学文凭的人数才平均超过100位；在此之前平均数要少得多。因此在此期间，法国所有院系的理科毕业生的总数可能比不上一所工程学校——巴黎中央工艺制造学院（Ecole central des arts et manufactures）的毕业生数量。该校在1832—1870年大约有3000名工程师毕业，平均每年约75名。见 Antoine Prost, *L'Enseignement en France 1800-1967* (Paris: Armand Colin, 1968), pp. 243, 302。有关19世纪上半叶法国在工艺和技术教育方面的广泛倡议（许多是私人性的），见 F. B. Artz, *The Development of Higher Technical Education in France* (Cambridge, Mass.: The MIT Press, 1966), pp. 212-268。

持科学的群体（科学主义运动）实现其综合社会抱负的程度而变化。和法国案例一样，在英国支持科学的顶点（显然包括个人的积极性，以及官方科学机构的建立），是在暴力革命之后的暂时平静中到来的，恰好在科学主义运动所要求的自由主义改革得以巩固确立之前。在这些过渡时期，革命的暴力和混乱令人深恶痛绝，阻碍科学主义运动宏大目标的暂时推进，许多支持者深切关注的哲学（在英国为神学）和教育问题也没有进展，因此就把注意力集中到科学上了。随着自由主义政体较为平和地建立起来，知识分子的兴趣分散到政治、经济和技术的事务中，英国和法国高涨的科学热情开始走向平息。现在，生活中各个领域都可能并且合法地发生变革，没有理由再把创新人才和兴趣只集中到科学方面。 101

这就解释了看似矛盾的现象：1830 年自由主义的回归，并未唤起大革命时期的科学热情和教育改革的回归。但它无法解释法国科学随后的增长进程。接近 19 世纪中叶，科学增长的条件发生了变化。它不再完全取决于知识分子共同体及其支持者的偏好，而是越来越多地依赖于高等教育和科学研究的组织。这些条件最早出现于德国，并对英国和法国等老牌科学大国构成挑战。令人难以理解的是，法国体制应对这种挑战有些束手无策，到 19 世纪 40 年代就已愈加明显了。和英格兰一样，科学在法国总体上被认可为一种具有内在价值的追求，同时也是改善社会的一般性工具。在世纪之初，法国科学可支配的资源要超过英格兰。那么我们该如何解释这一事实：当面对德国以及后来美国在科学上不断增长的优势时，英国科学能够迅速有效地改革，进入一个稳步增长的时期，而法国科学迟迟才做出反应，也未能保持增长的连续性。

到目前为止已经运用过的分析框架都无法解决这个问题。从科学和科学主义哲学领域的更广泛社会群体的兴趣（英格兰和法国情况类似）中寻找不到解释，但法国科学组织的特殊性能解答这个问题。

法国科学组织，乃至法国的总体官僚制度，其突出特点都是中央集权。无论是长期专制主义传统造成的结果，还是由于法国社会中欢迎大革命的人群与从不承认大革命合法性的人群之间的根本撕裂，法国行政机构从未放弃控制社会生活方方面面的特权。

这种控制造成了许多损害性影响。为了维护其控制，政府喜欢按特定用途来建立学校和研究机构。然而，科学发展日新月异，1820 年游刃有余的组织方式在 20 年后就有些过时了。科学组织要 102 跟上发展的步伐，就应该不断地适应新的形势。但除非使用强制手段，很难改变这些用途被狭隘限定的组织。而且，一个系统越集权，就越容易发生的现象是，哪怕对事态现状进行些许的改动，也会引发难以预料的政治或行政的反弹。在这种情况下，与其尝试改革现有的机构，不如创建新的机构。为了避免损害既得利益，也出于官僚体制的便利原因，新设的仍然是“特定用途”的机构。

6. 高等研究实践学院

以 1868 年建立的高等研究实践学院（Ecole pratique des hautes études）为例可以看到，这一体制是如何限制了甚至是最具想象力的创新的效果。这所学校可被视为培养研究生的首次实验。其意图是让不论属于巴黎哪所学院或大学校的杰出研究工作者，用完全自由的方式，组织课程、研讨班和实验室指导等。通过这种机制，所有那些零星分散的杰出科学人才就会聚到一起，开展高级的科学训练。这一观念在当时要比德国或其他任何地方的都要先进，因为其他地方都没有培训研究人员的专门计划。

毋庸置疑，这一体制为培养科学家和学者做出了重大的贡献。然而，从一开始它就被构想为对已有机构的补充，从而大大限制了它的发展潜力。实践学院成立后，没有拥有学位授予权。这一权利的缺失，从长远看来，使得这所唯一旨在培养高水平研究工作者的机构，未能及时纠正法国学术事业中最大的不合理特点之一——有志于从事学术职业的人必须通过一次会考（aggrégation），而不是准备一项先进的研究工作。

实践学院没有完全归属的学生，加之缺乏全职或基本全职的教学人员，引起各种长期的弊端。这就降低了从其结构上发起改革和创新的动机。它也限制了教学人员之间开展合作，甚至有意义的知识交流的机会。

7. 中央集权造成的僵化

通过指派给实践学院一项特殊功能来弥补其他机构的不足，更进一步地加剧了这种体制上的僵化。[①] 如果条件允许多个机构之间的竞争，那么其榜样的模式就会在法国更为广泛地传播。在美国（某种程度上甚至在英国），高等教育中任何成功的创新都必定会被若干机构模仿和复制。由此引起的竞争又刺激了进一步的改变和创新。而在中央集权的法国体制中，每个机构都有专门的界限分明的功能，就造成了和美国完全相反的结果。一个机构成功了，功能已发挥得

103

① Liard, *op. cit.*, pp. 294-295, and H. E. Guerlac, "Science and French National Strength", in E. M. Earle (ed.), *Modern France* (Princeton: Princeton University Press, 1951), pp. 86-88.

淋漓尽致，对其复制就变得毫无必要了。[1] 因此这些学术弊端被听任（实际上也是被迫）持续下去。

当然，避免"不必要的重叠"和"重复"，尽可能充分地利用现有资源和人力，都是非常合理的行政原则。但这些原则在法国的应用造成了持续的恶性循环：开明政府创建的新型机构，根基过于狭窄，过于僵化地附着在整体结构之中，从而难以对整个系统产生影响，当最终需要做出调整时也无法对自身进行调整。即使那些能够保持高度科学水准的机构，它们也不能像别国类似机构那样，进行主动和迅速的扩张。

改变这种局面的一种方法，可能是依靠私人的事业建立与官方机构相竞争的机构。在 19 世纪的英国，这一动议非常有效地诱导了旧大学进行改革。但在法国，对高等教育和科学的政府垄断过于强大，无孔不入，使得很难容许私人项目达到必要的规模，以有效地开展竞争。[2] 这类机构，诸如中央工艺制造学院（Ecole centrale des arts et manufactures，1829 年设立），以及包括社会科学在内的其他领域的各种私人研究团体和学校，甚至功名卓著的巴斯德研究所（Pasteur Institute），仍然保持着专业化，孤军奋战，不过是补充了既有的机构，而并未对其施加压力。[3]

中央集权系统令每种特定组织的数量都极其有限，阻挠和妨碍了进行组织改革的动议。正是上述局面造成了法国科学工作中常常遭受抨击的个人主义、碎片化和保守性。既然无论从总体的制度上，

① Theodore Zeldin, "Higher Education in France, 1848-1940", *Journal of Contemporary History* (July 1967), II: 77-78.

② 即使最有能力的人也无法在集权化的体系中从某一个体机构的角度思考问题。即使像维克托 · 迪吕伊这样一位杰出的科学政治家也确信这个体系从整体上是合理的，只是需要更多的支持来从事研究，见 Liard, *op. cit.*, pp. 287-288。

③ Prost, *op. cit.*, pp. 302-305, and H. E. Guerlac, *op. cit.*, p. 88.

104 还是个别机构的结构上，都不可能通过切身相关者的一致行动而试图做出任何改变，那么，个体科学家的最佳策略就是“独善其身”地追求自己的目标。他以个人身份开展工作，努力推进自己的目标。法国科学家之间这种个人主义的相互孤立，并非偶然，法国政治和官僚系统在处理民间事务等许多工作场合，也同时出现过类似的现象。①

这种状况使得法国科学带有了与众不同的特点。在19世纪下半叶，科学工作的规模开始壮大，变得越来越依赖于分工合作。不同领域、不同机构的科学家也开始逐渐把自己视为职业共同体的成员，追求共同的目标，捍卫共同的利益。但在法国，这一进展因为科学事业的上述结构而受到严重的抑制。这或许对法国科学工作的质量造成了直接有害的影响。而且，它还加剧了法国科学家被孤立于国际科学共同体之外，即使19世纪早期法国还是国际科学共同体的中心（那时各地的科学家都是个人单独工作的）。其他地方的科学家开始形成学派，加入团队工作。而在法国，除了少数例外，科学家们仍然单兵作战，以私人学徒的形式培养接班人，甚至压根不培养接班人。

8. 法国的改革条件

在这些条件下，法国科学组织的变革方式与其他的科学大国有所

① Michel Crozier, *The Bureaucratic Phenomenon* (Chicago: University of Chicago Press, 1963), pp. 214-220; 关于这个与科学相关的问题的详细描述，见 Zeldin, *op. cit.*, pp. 67-68, and R. Gilpin, *France in the Age of the Scientific State* (Princeton: Princeton University Press, 1968), pp. 107-108。

不同。在一些科学大国，挑起变革的原因，或者是各类独立大学和其他机构的竞争性倡议，或者是科学精英们的压力和策略，精英们则以整个科学共同体（如英格兰的皇家学会），或各种正式非正式的科学家团体和科学机构（如美国）的代表自任。在法国，创新的发生不是科学家或科学机构横向联合的结果，而是纵向联合的结果——以个别的科学从业者或科学团体（往往带有一些政治倾向性）为一方，以个别的行政官员或政客为另一方。正是由于这种短暂的联合，维克托·迪吕伊（Victor Duruy）在第二帝国的末年创建了高等研究实践学院。但这种情况极少能够持续，从而没有足够长的时间完成全面的改革计划。1879—1902 年的确存在过这样一个相对较长的时期。历史学家埃内斯特·拉维斯（Ernest Lavisse）和化学家贝特洛（Berthelot，1886—1887 年曾担任过教育部长）领导的一个具有代表性的学者和科学家团体，在阿尔弗雷德·杜蒙（Alfred Dumont）和路易·利亚尔（Louis Liard）——二人分别于 1879—1884 年和 1884—1902 年担任高等教育处的主任——的支持下，尝试以德国大学为榜样改革法国的院校。虽然在这件事上他们没有成功，但他们使整个系统有了极大的扩张——法国的教授数量从 1880 年的 503 人增长到 1909 年的 1048 人，这个数字直到 20 世纪 30 年代都没发生变化——并且标准有所提升。[①] 这些改革确立的大学结构直到 1968 年之前都没有实质性的改变。

在 1879—1902 年，以及 20 世纪 30 年代人民阵线政府（Front populaire）时期和第二次世界大战后（1936 年成立国家科研中心并随后扩充），法国推行了有些近似于英国的科学政策。这一政策由一些颇具代表性的科学家和知识分子的非正式精英发起，由持同

① Guerlac, *op. cit.*, pp. 83, 88-105, and Prost, *op. cit.*, pp. 223-224, 234.

情态度的历届政府实施。但与英国不同的是，法国并不具备支持这一运动的组织上的基础条件。这些有影响力的科学家，不过是在总体政治倾向有利于科学的情况下，观点相互一致的个别人而已。某些时期自由主义—社会主义色彩的舆论比平时更多一些，夹杂着科学主义，有利于科学的发展。但法国没有像皇家学会或科学协会（Athenaeum）那样的中坚机构，达成共同的意见并对外传播，也没有大学拨款委员会这样的中介性组织，在政治上有利的时期过去之后能够巩固住这些精英团体。法国的科学精英总是带有政治气息，他们之间的合作总是掺杂一些矛盾，也不稳定。一旦由于政府的更迭，甚至仅仅因为教育部长或高等教育处主任的易人，政治上有利的联合消失，精英群体就会面临分化为多个政治派别的危险，这些帮派将各个科学机构当作个人或派别活动的窝点，而不是为了整个科学共同体的利益而采取行动。[1]

在这种条件下，已有行动的持续性，不是依靠精英们的持久性，也不是依靠独立科学机构的延续性。系统的稳定性——和法国许多其他的事物类似——还主要依赖中央官僚机构。在官僚机构和个体科学家之间，缺乏有效的中介组织，而只有倾轧不休的派系。因此，这个系统不适合进行要求机动性与合作且带有风险的活动。有可能的只是在系统内部设计各种确保职业的策略，以及些许（但往往不充足）开展科学研究的手段。 106

这些因素就解释了在追赶德国和美国等科学中心的步伐时，法国的体制为什么比起英国来效率相对低下。未能在竞争中胜出，并不是缺少任何在科学上追求卓越的动机。这一动机早已体制化于法

① 这显然是使政治热情极端化的德雷福斯（Dreyfus）事件的一个后果，见 Clark, *op. cit.*；一般情况下不稳定的各种条件清晰可辨，见 Zeldin, *op. cit.*, pp. 53-80, 69-80, 以及 Gilpin, *op. cit.*, pp. 112-123。

国社会，产生了才华横溢的科学家，以及富有想象力的政策，推动了科学的发展。但是，由于他们依赖于短命的政治联合，设计用来改善法国科学研究和人才培养的政策很少具有连续性。此外，独立的科学组织能够要求科学家的忠诚并鼓励他们开展合作，但由于法国缺乏这样的科学组织，从而妨碍了科学工作更新模式。这个系统无论是对政治兴衰的依附，还是组织方面的僵化，都源于其中央集107 权的官僚组织。

第七章

德国的科学霸权和组织化科学的出现

1. 19 世纪科学工作的转型

在 1825—1900 年，德国的科学状态发生转变，成为一种专业性职业，一种科层化和有组织的活动。到 19 世纪中期，几乎所有的德国科学家都是大学里的教师或学生，他们越来越多地以团队的形式开展工作，这些团队由一名导师和几名学生组成。学术研究成为大学职业的必备素质，并被认为是教授职能的一部分（尽管还不是正式规定的部分）。研究的技能通常在大学的实验室和研讨班上进行传授，而不再是私相授受。到 19 世纪的最后十年，实验科学方面的研究工作最终在所谓的研究所中组织起来了。研究所是常设的科层化组织，一般附属于大学，拥有自己的场地设备、研究人员和支撑人员。

除了对科学的自发兴趣和公众支持之外，独立出现的系统培训和劳动分工，如今成为科学增长的重要因素。因此拿某个国家的科学与其他国家相比，其地位的高低及相对力量的强弱，就无法再通过科学主义运动的强度和科学体制化的程度来充分解释了。大学 108

和其他研究组织的效能，科学在大学内部相对于其他学科的地位（与大学外部并不必然相同），都成为科学增长的独立决定要素。换句话说，一个国家即使科学主义运动很微弱，也依然能够通过支持那些相对独立并与世隔绝的高等教育和科学研究系统，而成为一个科学上领先的国家。这种支持的给予，与是否把科学本身作为一种价值来接受根本没有关系。本章的目的就是解释这种转型是如何发生的。

2. 德国知识分子的社会境遇

迈向这种转型的第一步是1809年创建了一所新型的大学——柏林大学。短时期内，新大学引起德语区整个大学系统的纷纷效仿。[①]如同1800年前后发生在法国的革新，德国的这些革新也是由一些知识分子发动的，这群人的需求和理念决定了革新的初始形式。法国和德国两个新体系之间最初的差异，是由于知识分子阶级的组成和特点的差别造成的，其根源又在于两国总体上阶级结构的不同。

按照英国和法国的标准，普鲁士直到18世纪甚至19世纪初期，都还是一个落后的国家。它的中产阶级规模很小，并且缺乏政治权力，许多社会阶层，包括多数资产阶级，仍保留传统状态。[②]然而，王国的统治者颇为成功地创建了一套组织严密的军队和行政系统，完全听命于国王。统治者开始培植商业、工业和各级教育，都取得了巨

① Franz Schnabel, *Deutsche Geschichte im neunzehnten Jahrhundert,* Vol. 2 (Freiburg, Breisgau: Herder Bücherei, 1964), pp. 205-220.

② Henri Brunschwin, *La Crise de l'état prussien a la fin du XVIIIe siècle et la genèse de la mentalité romantique* (Paris: Presses Universitaries, 1947), pp. 161-186; Werner Sombart, *Die deutsche Volkswirtschaft im neunzehnten Jahrhundert,* 5th ed. (Berlin: Georg Bondi, 1921), pp. 443-448.

大的成功，而且没有放弃他们的任何传统特权。结果就是，在这样一个地方层面仍处于封建制，具有政治意义的社会经济团体寥寥无几的国家，成群的年轻人按照法国启蒙运动的信念和理想接受了教育。实际上，根本就没有什么足够富足和重要的团体能够独立于统治者及其官僚系统之外。只有宗教领域的一些情况才能与西方流行的相比。说它可以相比，是指宗教领域存在着真正的多元化，因此较能容易地接受一个交流哲学和艺术问题的中立地带，在那里不同宗教派别的人们可以探讨共同的兴趣。[①]

109

结果，英法两国哲学家现实中对经济和政治的关切，在新近“西方化”的德国知识分子看来意义有限。因为德国没有迫切要求政治自由和社会平等的重要社会集团，也就对英法两国政治思想家所阐发的各种社会发展模式之间的区别没有太多兴趣。类似地，由于缺少一个强有力的企业家阶层，也就没人热衷于将科学模型应用到政治经济方面。这些模型只有在一种经济形式——做出决定的是大量彼此独立工作的个体——中发挥作用，而在经济框架被专制统治者和传统势力禁锢的经济形式中无能为力。[②]英国和法国的思潮中，能够应用于德国社会的，只有那些对待宗教差异所采取的世俗态度。世俗文化的理念在德国（如同西方国家一样）是一种可能行得通的纲领，也得到了重要社会集团的支持。[③]

科学、学术和哲学之间的关系因而在德国变得完全不同了。卢

---

① Jacob Katz, *Die Entstehung der Judenassimilation in Deutschland und deren Ideologie* (Frankfurt: a/M, 1935).

② 关于德国经济学的落后，见 H. Dietzel, “Volkswirtschaftslehre und Finanzwissenschaft”, in W. Lexis (ed.), *Die deutschen Universitäten: für die Universitätsausstellung in Chicago*, Vol. I (Berlin: A. Ascher, 1893)。只在 1923 年才开始在大学中开展经济学现代化的研究，见 Erich Wende, *C. H. Becker, Mensch und Politiker* (Stuttgart: Dautsche Verlags-Amstalt, 1959), p. 129。

③ Katz, *op. cit.*; Schnabel, *op. cit.*, p. 206.

梭对科学和道德问题之间关联性的质疑，促使他去探寻发展世俗哲学可供选择的基础，由此开始的相关进展其实更切合德国的情况，而不是经验导向的政治科学和经济。因此浪漫主义和理想主义在法国和英国不过是断断续续的次要的哲学思潮，却在德国成为主流。出于同样的原因，德国哲学而非英法哲学，在 19 世纪成为东欧国家哲学家们的首要典范。[1]

此外，即使在新的非科学的哲学框架之内，法国和德国之间也存在差异。在德国，科学模型的替代者不是普遍意志和质朴人性的概念。与这些概念仍然相关的一种情形是，社会改革成了公众争论的中心话题。这些概念被用来代替以科学为基础的哲学，但它们的目标是社会和教育的变革。法国学派只是部分地抛弃了经验主义的框架。某些法国哲学家拒绝承认牛顿模型对人类事务，甚至从总体上对科学的有效性，但他们仍然关注政治变革和科学探究的经验性问题。

110

在德国，哲学变得更为抽象了。德国哲学主要关注的是个人和民族通过独特的文化，在美学意义上进行自我表达，创立形而上学知识的系统性理论，以及在直觉和思辨基础上的道德价值。重点和兴趣的这种转变反映了一个事实，即德国知识分子在政治领导权方面不得有要求。因此他们不得不全神贯注于精神方面的问题。在这些问题上他们能够确保有一批听众，因为正如已经指出的那样，宗教的多元化为哲学家寻求一种世俗的、精神的和道德的文化，提供了一个相容的社会背景。

---

① 在西方国家，浪漫主义最深刻的影响体现在文学方面，见 Bertrand Russell, *A History of Western Philosophy* (New York: Simon and Schuster, 1945), pp. 675-752。关于德语对普鲁士哲学的压倒性影响，见 Alexander von Schelting, *Russland und Europa im russischen Geschichtsdenken* (Bern: A. Francke, 1948) 和 Schnabel, *op. cit.*, Vol. 5, pp. 186-194。

德国知识分子的社会地位又进一步强化了对这些纯粹精神的关注。与法国不同，德国的知识分子通常并不是拥有独立经济来源的富足人士，也得不到富有赞助者的慷慨支持。他们出身于平凡的中产阶级家庭。一代人以前，这类知识分子可能会成为从事布道和教学工作的牧师。但到了 19 世纪初，他们不愿再成为牧师了，而教学本身是一种非常差的职业。尽管在 18 世纪一些德国大学从其教师中选聘过一些新式的科学家和学者，但仍有大量的神职人员充作大学的监督。然而，主要的问题是人文和科学方面大学教师的地位问题。这些教师一般只为攻读较低学术文凭的学生授课，哲学院系在地位上从属于法律、神学和医学等院系。相应地，哲学院系教师的地位和收入也远低于那些高等的院系。[①]

而德国统治阶层对法国科学家和哲学家的偏爱，更让在大学遭遇挫折的德国知识分子雪上加霜。德国的科学院在 18 世纪优先邀请国外的学者到德国。莫佩尔蒂（Maupertuis）担任了柏林科学院的院长，他的对手伏尔泰，是腓特烈大帝的普鲁士宫廷中最受尊敬的哲学家。因此比起英国和法国，德国知识分子不仅在大学之外从科学院或者通过私人赞助获得支持和认可的机会要少，而且还备受歧视。但是到 19 世纪初，尽管仍感到不得不在法国人面前维护自己，德国知识分子的境遇已有所改善。因此对 18 世纪末大学的落后状况，德国和法国同样都不满意，却采取了不同的反应。在法国，以科学家为首的知识分子赞同废除大学，最后接受让大学校和专科学院来代替大学。在德国，以哲学家和人文学者为首的知识分子，拒绝像法国那样，进行由“受过启蒙”的文职人员所鼓吹的高等教育改革。他们和法国人都赞同必须对大学进行根本的改革。但用专门化的高

111

① Brunschwin, *loc cit.*; Schnabel, *op. cit.*, Vol. 2, p. 182.

等院校来代替大学，势必威胁到德国知识分子的生存和文化使命。他们真正感兴趣的是提升大学的地位，并在大学内部提升哲学院系的地位，使之达到科学院的水平。[①]

这是某些科学家和人文学者共同面临的问题，他们都在大学工作，或渴望到大学工作。德国人文学者和科学家有同感的另一个根据是，人文学者之间的科学倾向远比其他地方更为浓厚。这种倾向可能源于上面提到的事实：在德国，就像其他诸如荷兰、北欧、苏格兰等处于文化边缘地带的国家，科学家没有脱离大学，而不像法国和英格兰这样的重要科学中心，科学家从大学中退出了。无论如何，德国的人文学者越来越多地按照科学家的榜样来调整自己的行为方式。他们思考像史学、文学、语言学等文化现象时，也把它们当作经验上存在的研究对象，并将语言学调查看作经验科学的研究方法。人文学科的训练也不再作为美学和道德教育的工具，学习它是为了塑造人的性格、风度和思想。相反，它们被看作可以理解的研究对象，就像自然现象那样。它们将被客观地、以价值中立的方式进行探究。实际上，人文学科已被当作经验科学，甚至有时被当作经验性研究的典范。[②]

当然，其他地方并非对这种考察文化的方式一无所知。但其他地方从未像德国（以及随后的中欧、东欧其他国家）那样，对人文学科的探究是采用“科学的”还是教育的方式，区别会这么尖锐。将对人文学科的研究等同于对科学的研究，当作经验科学探究的领域，没有别的地方像德国这样具有纲领性。

这种等同成为科学家和人文学者的共同主张的基础，他们要求

---

① Rene König, *Vom Wesen der deutschen Universität* (Berlin: Die Runde, 1935), pp. 20 ff., 49-53; Schnabel, *op. cit.*, Vol. 2, pp. 198-207.

② Schnabel, *op. cit.*, Vol. 5, pp. 46-52.

哲学院系应具有和职业院系平等的地位。最终，这一主张导致了大学转型成为研究机构，其成员担负起创造性的研究工作。相对于钻研《圣经》和古典文献的旧方法，自然科学的胜利，以及精确语言学的优越性，就是学术界内部为大学改革进行斗争的主要理由。这在某种程度上重现了 17—18 世纪新式的实验和经验探究方法，是针对旧的经院哲学方法以及历史悠久却非科学的职业传统所进行的抗争。不过有一个社会学意义上的决定性差别：因为人文学者和科学家都有志于提升学术等级的声望，他们就将方法论中一些共同的、科学的特点，作为定义两个领域的基础。这样就切断了两个领域同其应用之间的联系。自然科学家把自己从技术和实用的社会哲学中分离出来；人文学者则不再对创造性写作和道德教育感兴趣。科学脱离其在技术上的应用（在法国没有出现），成为德国知识纲领的一部分。伴随这一脱离的是，人文学科也相应地从教育方面的应用中分割出来了。

112

为了强调科学的中立性，在 17 世纪和 18 世纪一些科学家中间能够觉察到一种趋势，即科学家的角色从实用的社会哲学家中区分出来了。但角色的定义包括了人文学者而排斥了技术专家，只有在盛行于德国大学和其他结构类似大学的条件下才能讲得通。若是科学家像在英国和法国那样成为举足轻重的绅士，他们就不会把自己等同于那些人文学者，后者主要担任各学院的教师，探究一些前科学或非科学的文化内容。即使在德国，也至少有一部分自然科学家更倾向于接受英国和法国关于他们角色的定义。其中一些人喜欢法国类型的专门学校；无论如何，倡议创办新型大学的重要人物中没有自然科学家。但自然科学家只是知识分子中的一个小群体，其他大多数是讲授语言和人文学科的教师。他们的目标是被认可为科学家，因而借机从事一些价值中立的不受国家或教会当局控制的知识探索。他们也希望这种抽象的非功利性的科学（它一定是非功利的，因为语言学和历史学就没有实际用途）被承认为高等教育中的一个主要事项，从地位上与那些学问高深的职业平起平坐。所有这些都与以科学家和科学主义哲学家充当先锋的法国改革运动形成了鲜明的对比。[①]

113

在德国，哲学运动和这种科学－学术共同体之间的关系有些错综复杂，类似于英国和法国的科学主义哲学和科学－技术共同体之间的关系。也就是说，在专家看来哲学家非常值得怀疑，哲学家既不从事精确的研究，也不进行经验的研究。但同时这两个群体之间又有许多共同的兴趣和交叉重合。[②] 而且，德国的哲学家提出了一些合理性的问题，包括关于对人文学科用科学方法进行研究的逻辑，对艺术、文学和历史开展系统研究的文化意蕴等，正如英法的哲学家提出过关于自然科学的逻辑基础及其社会意义等问题。

在这个新的哲学观念中，自然科学不再充当智力探究的典范了。哲学关注的是创建一个可以替代宗教所提供的那种包罗万象的世界观。按这个哲学，自然科学的地位是人类知识体系的一个重要但非最重要的部分。实际上，自然科学沦为了老三，被排在思辨哲学和人文学科之后，这两者当然都涉及人类精神方面更为重要的主题。

---

① 利亚尔提到的大革命期间参加过倡导和规划法国高等教育改革的 31 个人中，至少有 12 个是著名科学家，2 个哲学家－科学家，1 个经济学家，还有 1 个主要被算作政治思想家（Sieyès），只有 1 个是著名的文学家（Auger）。其余的都是政治家和教育工作者。关于这个主题最具影响力的思想家是孔多塞（Condorcet），以及由其他科学家们（Lakanal, Fourcroy, Carnot, Prieur, Guyton de Morveau, Monge, Lamblardie, Berthollet, Hassenfratz, Chaptal, and Vauquelin）组成的最杰出的团体，见 Louis Liard, *L'Enseignement supérieur* (Paris: Armand Colin, 1894), Vol. I, pp. 117-311。德国参与改革进程的最重要的知识分子群体是哲学家（Fichte, Schelling, Schleiermacher）和语言学家（Wolf, Humboldt）。他们的反对者是那些喜欢专业机构的教育家和公务员（见 König, *op. cit.*, Schnabel, *op. cit.*, Vol. 2, pp. 173-221）。参加讨论的少数科学家也支持这些专业化机构（如医学院、矿业学院等），其中大部分在那里任教。见 Helmut Schelsky, *Einsamkeit und Freiheit: Idee und Gestalt der deutschen Universität und ihrer Reformen* (Reinbeck bei Hamburg: Rowohlt, 1963), pp. 36-37。

② Schnabel, *op. cit.*, Vol. 5, pp. 49-52.

无论从短期看还是从长计议，自然科学或任何其他各类具有哲学价值的知识，都不必直接应用于政治和经济目标。学问和知识的目标是其自身。它们的重要性来自于为社会提供精神上的合理解释，以及在塑造心智方面的教育效果。

对哲学及其与人文学科和科学（所有这些都被看作科学）关系的这一观点，实际上是向古希腊哲学观念的一种回归。按此观点，专门化的自然科学家的角色变得像古代那样模糊不清，并且可能同样边缘化。这一视角的转变，反映到一些院系的结构上。科学和人文学科双双成为哲学院系的组成部分，而在法国革命性的体制中，哲学和科学则被从人文学科中分离出来。[1]

哲学思想的主流从而在德国发生了彻底的逆转。如何获得关于自然和社会的逻辑上正确、经验上可靠的知识，其方法不再是哲学的主要话题。相反，如今哲学首要的科学问题变成文化的研究，即五花八门的人类自我表达。 114

这种兴趣的逆转发生在和英法哲学相同的论域。它的基本问题与英法哲学的基本问题有着逻辑上的联系。关于文化现象的知识，其性质问题迟早都会在新的世俗哲学框架下被提出来。但在英国和法国，这一问题常常被避开了，因为文化价值的主观性似乎妨碍了客观哲学方法的运用。而这一问题在德国被提出，反映了德国相对地缺乏对自然科学和经验主义社会思想的兴趣，却寄兴于为淡泊的宗教意识寻求世俗替代品，以及精神文化方面。哲学兴趣的这种选择，意味着与科学传统的决裂，而科学传统则避开了那些没有普遍有效解决办法的问题。狄德罗，可能甚至还有卢梭和康德等问过这类问题的人，都仍然怀有一个信念，即存在通过实验或经验找到普

---

① 见 Liard, *op. cit.*, Vol. I, pp. 396-463, 关于大革命时期院系划分的不同的计划和蓝图。

遍证实的答案的可能性。但到了费希特（Fichte）、谢林（Schelling）、黑格尔及其同时代的人认为，他们已经凭自己的直觉找到了获得完善和最终知识的关键，并感到这种知识不再需要任何进一步的验证。当务之急是根据这种新知识解释已知的一切，正是根据这些观点，他们鼓吹创办一种新型的大学，自主地设立目标，从事纯粹知识的探究。按照这种观点，哲学（囊括所有知识）比其他任何研究都要重要得多。所有事物都要经受哲学的评判，而哲学则不可能通过任何别的事物来验证。

新的高等教育体系的建立，是对整个知识界的需求和压力的回应，而不仅仅是专门科学家的，这一点上德国甚至比法国体现得更为明显。但是，与法国的情况不同，在德国，这个知识分子群体中最有影响力的人员是与科学无涉的哲学家，其次是带有科学观念的人文主义者（后者可能占大多数）。结果，整场改革都植根于这样的科学概念：科学包括思辨和非数学的哲学，也包括按语言学方法进行研究的人文学科。正如前面所指出，这个概念意味着对科学和学术研究的社会功能进行重新定义，也意味着对哲学的社会功能进行更为彻底的修正。

洪堡（Humboldt）是在柏林大学的创建中最有影响力的一个人，他并不赞同理想主义和浪漫哲学家的这些极端观点。这些观点也遭到那些自视为经验主义科学家的人文学者的反对。但尽管如此，这些哲学在大学中还是发挥着决定性的影响。经验主义人文学者也只能限定在自己的职业兴趣范围反击那些哲学家。他们确实不想让那些宣称通晓一切的哲学家们来说教如何思考历史或法学。但至少他们心照不宣地接受了精神文化研究高于自然科学研究的哲学观点，也接受了高等教育的非功利性和非经验性的观点，按照这些观点，所有的教育，包括实用的职业教育在内，都必须包含一些文化内容（最好是

115

人文主义的）方面的基础训练。神学家应该学习希伯来和古希腊的语言学，律师应该学习法学史和法学哲学，医生应该学习自然哲学（Naturphilosophie）。因此，新的大学中最初盛行的精神，与其说是尝试在现代科学基础上建立教育，倒不如说是复活了盛行于古希腊哲学学派的精神。[1]

3. 德国大学的改革

要解释这些非科学（有时是反科学）的观点为何能够占上风，只有看柏林大学建立前的关键几年主导普鲁士的特殊环境。起初赞同高等教育改革的政界人士受到法国思想的影响，更青睐拿破仑时期的模式，而不是建立一所以哲学院系为中心的大学。但在拿破仑战争的影响下，形势转而有利于哲学家的思想。上流社会以前不屑一顾的带有德国印记的哲学主张，如今也被广泛接受。有一种看法认为，国家的真正力量在于精神领域。实际上，在被拿破仑打败以后，德国只能在空前繁荣的民族哲学和文学中寻求安慰。德国哲学家第一次在自己的国家成了重要的公众人物，他们的建议被听取，特别是教育事务方面的建议。[2]

因此，与法国不同，普鲁士并非由于统治者接受了科学主义的哲学，才对新型大学给予支持。改革的目标也不是要创建一个科学

① 见 Schnabel, *op. cit.*, Vol. 2, pp. 219-220，关于洪堡拒绝指派任何科学专家进入他的部门下设的科学咨询委员会。委员会的成员有哲学家、数学家、语言学家和历史学家。他认为，这些学科“涵盖所有正规科学……除此之外没有专业化的学术能够成为真正的知识教育……”。关于洪堡［和其他人］反对在大学内为任何实用目的培养学生，见 *ibid.*, pp.176-179, 205-219。关于高等教育的新概念与古希腊思想的相似性，见 *ibid.*, pp. 206, 217。

② *Ibid.*, p. 204.

方法主导政府和经济领域的社会。之所以会得到支持，是因为统治者接受了一种新的思辨哲学，这种哲学鼓吹一种对民族主义的哲学、文学和历史等文化的非科学看法，让人以为该文化胜过世上一切别的事物。体现这种哲学的大学就被赋予自治权。然而，这种支持并不等同于把自由探究认可为一种独立的且具有社会价值的功能。倒不如说，人们假设了新哲学和国家利益之间存在着先定的和谐，这与曾经假定教会和国家之间也存在这种和谐，做法有些类似。

116

尽管大学的人文主义学者当中对这种观点有些抗拒，自然科学在新的大学中并未得到优待。自然科学方面的许多教席都被浪漫主义自然哲学的信徒占据，他们既反对数学，又反对实验。[①] 教授的概念，本来指那些对整个科学学科持有原创的、近乎完善和严密的观点的人，结果被修正成为由哲学体系的建造者以及封闭文化内容的学习者构成的职业，而不是那些工作在不断变化的研究前沿的经验主义科学家的职业。

洪堡和其他一些参与新型大学创建的人认识到了这一问题。因此，通过“无俸讲师”这一角色，他们试图建立结构性的保障措施，确保大学中研究人员的地位并维护其自主性。但这种保障措施是不够的，在新型德国大学出现的头 20 年，大学可能更多地伤害了而不是促进了自然科学（社会科学遭受的压制时间甚至更长）。大约 1810—1820 年，德国大学中存在一种倾向，否认经验 – 数学型科学家角色（这一角色早在 17、18 世纪即已出现于英国和法国）的独特性。至于说科学方法向社会和道德哲学的传播，在德国这一趋势完全背道而驰。尽管如此，到 19 世纪 30 年代，随着潮流已经转向，自然科学和实验

---

① Schnabel, *op. cit.*, Vol. 5, pp. 207-212, 222-238.

方法终于在大学中走向繁荣。[1] 到19世纪下半叶，开始出现了把实验方法扩展于心理和社会现象的重要趋势。我们的论述即将展示它是如何发生的。

4. 大学的组织结构

有趣的是，我们注意到那些笼统地撰写德国大学和科学生活的人，常常没有考虑到一个事实：新型德国大学的建立带来的直接后果是经验性自然科学的衰落。因此，将德国大学后来的科学生产率归功于改革期间风靡一时的哲学思想，是毫无根据的。[2] 哲学上的唯心主义和浪漫主义或许启发过一些科学家的想象力。但这些哲学从自身利益出发进行的探究，大多被视为思辨。教授角色的最初结构，并不适用于经验科学。经验科学从19世纪20年代后期开始崛起［归功于李比希（Liebig）、约翰内斯·缪勒（Johannes Müller）等前辈及其弟子们的工作］，原因不在于新型大学的设立，而是自觉地反抗了大学奉行的哲学，重要的是，尽管不是出于蓄意或自觉，大学的结构却改变了。[3]

117

因此，与法国体制相比，德国体制的优越性就在于它能够根据科学探究的需要和潜力来进行自我调整，哪怕从经验科学的角度看，

---

① Schnabel, *op. cit.*, pp. 238-276.

② 关于在德国大学完善理念和安排的观点可能来自于库赞（Victor Cousin）。在 Abraham Flexner, *Universities: American, English, German* (New York: Oxford University Press, 1930) 一书中它们被极为广泛地宣传。一般观点认为德国哲学是德国“进步”的根源，见 Elie Halévy, *History of the English People (Epilogue: 1895-1905)*, Book 2 (Harmondsworth: Pelican Books, 1939), pp. 10-13。

③ 见 Schnabel, *op. cit.*, pp. 238-276.

大学创建者的一些思想并不正确。相反，法国系统下的一些机构，尽管起初的构想不错，却无力根据形势变化而进行修正。

德国大学进行自我调整的能力，可能来自于各个大学的内部组织，也可能来自于整体的德国大学系统，或以上二者的互动。现有的文献通常强调反映了哲学思想的内部组织的重要性。但此处讨论将试图显示，整体系统的运行方式才是决定性的条件。

关于大学内部组织优势的论证强调了两个特点：(1) 学术自由和自我管理；(2) 明确了无俸讲师（Privatdozent）和教授这两种主要学术身份。有人主张，第一个特征保证了有关学术事务的决定由专家做出，而专家首先从其科学兴趣出发，并具备开展有效行动的知识。第二个特征，即那些满足无俸讲师（教授通常从中遴选）资格要求的人，将研究工作当成其学术角色不可分割的一部分。我们的讨论现在就将展示，在多大程度上，它可以圆满地解释德国学术机构的较强适应能力。

让我们先从学术自由的问题开始。在法国和德国，科学向越来越职业化的模式转换，从而造成一个问题，即在政府科层体制框架下的正常就业如何保证不妨碍科学创造的自由和自发性。此外，在德国和大多中欧、东欧国家，还有一个保障探究自由的问题。当然这种自由在 19 世纪的法国并非一个学术问题，因为言论自由被视为每个公民的权利的一部分。[①]

118

然而，在德国和其他地方，既没有言论自由，也没有社会平等。

① 这并不是说，法国学术界在政治上和宗教上的宣示就没有冲突。但这是大学（其中也包括中等教育）公开卷入政治的结果。即使整个教育系统处于这种政治化形势下，镇压措施（例如解雇）也只在中学使用，很少（也只有很短的时间）在高等教育机构中使用，见 Paul Gerbod, *La Condition universitaire en France au XIXe siècle* (Paris: Presses Universitaires, 1965), pp. 103-106, 461-474, 482-507, 555-563, and Albert Léon Guérard, *French Civilization in the Nineteenth Century: A Historical Introduction* (London: T. Fisher Unwin, 1914), pp. 230-237。

甚至没有任何对这些自由的有力支持。科学不得不屈居一个充满敌意的环境，必须设置特别的保护措施，以确保它的自由。通过两个步骤做到了这一点。第一步，必须设置一个赋予了特殊自由权利的组织，而又没有破例准许对一般民众的民主自由。第二步，这一组织建立的方式，必须能够防止它变成那种独裁专制、等级森严的官僚体制——当时欧洲唯一已知的体制，难以想象这种体制能适合创造性研究的需要。官僚体制的主流模式是军事和行政机构，以及天主教会、路德教会，这些看起来无一适宜科学家。在英国，苏格兰长老会、一些重要的不信奉国教的宗派，以及不计其数的社团组织，分担着各种各样的政治、行政和司法的责任，但这些经验在欧洲大陆上鲜为人知，也无足轻重。

高等教育的改革者们清楚地知道，让科学家适应政府的官僚体制非常困难。这一问题的解决基于三个前提：第一，假定科学家是以孤立的个人身份，而不是以某单位成员的身份从事工作。第二，他的合同上的义务，严格限定在某些学位的教学和考试方面，这些学位能赋予获得者完整或部分地从事自由职业、中学教学或公共服务的资格。课程安排、课堂内容和学时的规定都是最低限度的，并假定教师们的空闲时间和（或）未作规定的部分教学时间，都会用来从事研究或者创造性写作和讲座。达成后一种默契的前提条件是，学术型教师应该是杰出的科学家。这就要通过一些还算成功的选拔和任命程序来予以保证。第三，科学研究不是为按部就班培养起来的人准备的职业，而是要召唤一些做好准备暗自献身的人。那些才能卓越又格外幸运的人，会被公开酬以能保证收入的职位。但这些职位更多地被视为一种荣誉，而非能合理预计的职业的顶点。

119

因此，科学家无论是担任法国的教育巡视员，还是担任德国的大学教授，获取收入实际上并非因其研究工作，而是一些能够归入例行的官僚体制类型的工作。既然得到的待遇相当丰厚，也无须太多劳作的任命，他们就应该像过去业余模式中自由的闲暇绅士那样，开展科学工作。[①]

当然，这一问题在法国容易解决得多，因为那里的科学家以各种身份被不同的机构聘任。一些职位与教学无关（压根也没有太严肃对待），很少有人得到专门的研究职位（有些也不过是闲职），因此科学探究活动不存在系统地官僚化的真正危险。如果官僚体制在某地变得过于恶劣，科学家总能到别的几个地方找到自由。在最坏的情况下，他们也还能鼓吹创建一个完全新型的机构。然而在德国，体制化的特权就是科学自由的唯一基础，科学家对政府的影响在19世纪末以前非常微弱（此后也不太大），因此有必要认真思考这个问题。

由于缺乏一个富有且自由的中产阶级，也没有强大的自由主义政党来支持科学事业抵御政府的专制，可以用来保障科学自由的社会机制只有老的学术法人机构。但人们对它的态度是模棱两可的。一方面，“开明”公众的观点（知识分子和政府的圈子）将老的大学法人机构看作反动组织，要为大学的堕落负责。另一方面，新浪漫主义的反法气氛则强调法人团体自治的优点和地道的德国特色。

解决这种困境则要将一些职能让渡给国家，包括大学的财政监督职能、为获得职业从业资格的部分考试的负责职能，以及教席的任命职能等。但实际上，这最后一项职能又归还给了学术法人机构，尽管国家保留了最终的权力。大学的评议会仍然掌管所有的学术事务。因此经过改革业已开明的政府应该承担起促进科学的责任，并且要防止其像行会那样出现僵化，而学术法人机构则要反抗国家的

---

① Maurice Crosland, *The Society of Arcueil: A View of French Science at the Time of Napoleon* (London: William Heinemann, Ltd., 1967), pp. 228-229, 表明教学只是被当作一种对科学家进行物质支持的手段，而且只是手段之一。

任何专制倾向，保障个体研究者的自由。[1] 选取法人机构，不是因为它的灵活或高效，实际上，正如下面所要展示的，它既不灵活也不高效。因此非常值得怀疑的是，学术自治为德国体制的适应能力发挥过积极作用。倒不如说，学术自治通过小心守护其成员随心所欲做事的权利，他们在不干涉别人利益的情况下可以在各自领域进行创新和开展新式冒险，这对提高德国体制的适应能力可能起到负面作用。然而，这些活动完全取决于成员们的动机和品质。法人机构的自由，同样也能包容个体易犯的一些恶习，也有助于维护一般的特权阶层。因此，系统的效用取决于 :(1) 聘用人员的质量 ;(2) 或者没有那些抵触科学的特权阶级集团，或者大学中存在一些制衡力量，能够抵制结党营私。 120

实际上，对于保证高质量的任命，已有高度的重视。德语国家学术任命的必要条件是获得“特许任教资格”(Habilitation)，获此资格者应该基于独立研究做出了原创性贡献。这一条件可以与法国相应的“会考”进行很好的对照。会考是一种每年在各个学术领域进行的难度很大的竞争性考试。因此教授资格考试也应该确保任命能够胜任教授职位并具有很高积极性的研究人员。关于创建一种对大学教授组织的独立制衡力量，也有所安排。举措之一是无俸讲师制度。根据这一安排，那些获得教授资格的人即使没有被选聘教授席位，也有权在大学开设课程（当然他们没有薪俸，只收取选课学生支付的听课费）。这些不同领域的学者和科学家形成了一个共同体，出类拔萃的人就会被选聘为教授。一旦当选教授就会获得特别的薪俸和荣誉。另外，获得席位不应改变教授的工作条件，也不会授予他们任何凌驾于无俸讲师的权威。一切仍然保持着自由和平等，科

[1] Schnabel, *op. cit.*, Vol. 2, pp. 211-215.

学家只对他们自己的科学良知、科学共同体的社会评价，以及学生们负责。

另一种制衡力量则是学生拥有选择课程的自由，参与或退出某门课程，将学分从一所大学转入另一所大学。这被视为一种制约与平衡的系统。享有特权的教授若是有任何缺点，就会被独立的无俸讲师揭露，而学生们则会通过转学的方式来有效地表达不满。

实际上，这种制约与平衡系统远未达到理想状态。其错误在于，大学共同体被设想等同于科学共同体，但它并非如此。大学共同体是由五花八门领域的专家构成的。因此，一所大学的教授和无俸讲师代表不了任何有效的科学共同体（如果将科学共同体定义为具有共享的能力，在一致感兴趣的领域进行探索的一群人）。他们本应该121 全都具有相同的价值观和终极目标，但价值观和终极目标的衡量是无法操作的，从而也就对制定行为的标准和规范没有裨益。终极的价值观无助于判定科学贡献的价值和贡献者的功绩，它们在任何特定领域都不能充当组织教学和研究的实用指南。

在两个较低但自由的等级（无俸讲师和学生）的竞争和批评下，大学作为一个功勋贵族阶级（aristocracy of merit）受到约束，活动有所限制。但这不过是理想化的印象。那两个等级的科学素养没有多少相同之处。相反，他们倒是拥有共同的阶级利益。每位教授在其领域实际上拥有凌驾于无俸讲师或学位候选人的权威，这种权威同样适用于教师和学生之间。从科学素养角度看，某个特定领域的教授、无俸讲师和学生形成了一个共同体。但这一科学共同体因权威和权力的差距而分野。因此，大学的阶级划分，更多的是基于分享的权威和权力，而不是共同的素养。在这一结构中，一名无俸讲师几乎不可能通过竞争的方式，有效地揭露某位教授的尸位素餐和思想狭隘。而其他的教授和其他的无俸讲师都没有真正做出判断的能力，一旦争端产生，可以想象教授们就会抱成一团。[1] 只有教授能够授予学衔，教授会、评议会等掌控着晋升、任命新职位、设立新教席等大权。实际上从一开始，无俸讲师和教授之间就存在着冲突，甚至引起了教育部长们的注意。[2] 部长们不得不干预大学的一些任命，以推翻那些被偏见和既得利益蒙蔽的大学评议会所做出的决定。[3] 因此所有对大学的精巧安排都无法提供他们想要达到的制约与平衡。大学共同体不能等同于由某个领域精明强干的研究者所组成的科学共同体。大学也无法通过正式的机制，受到这些科学共同体（当然其成员分散在全国，甚至许多国家）的一些影响。倒不如说，大学的正式机制阻碍了这类共同体的有效发展，因为大学在共同体的精英和其他成员之间设立了令人深恶痛绝的权力和地位的鸿沟。

122

然而，那些单独一所大学的正式体制所无法提供的东西，整个大学系统可以做到。政治上割据的中欧德语区形成了庞大而且还在扩张的学术市场，里面的许多大学之间存在着竞争，这就为抵制大学评议会的寡头倾向创造了条件。大学之间的竞争制约了单个大学内部令人压抑的学术权威的蔓延。只要这些环境持续下去，资源的有效利用就有可能和科学共同体的伟大自由结合起来。

竞争性和扩张性的大学系统保证了科学家的这种自由，个体科学家从而有可能开展和启动重大的创新。大学，无论是作为群体还是个体，其本身并不发展物理学、化学或历史学。大学并没有以预见和促进科学发展为职能的行政部门。科学的发展是通过工作在不

---

① 对 19 世纪德国大学中布局的描述，见 F. Paulsen, *The German Universities* (New York: Longmans Green, 1906)。实际上依赖某个单一的权威，为每个大学的各个领域颁发特许任教资格，这一问题及其对这种情况进行补救的尝试，见 Wende, *op. cit.*, p. 119。

② Alexander Busch, *Geschichte des Privatdozenten* (Stuttgart: F. Enke, 1959), pp. 54-57.

③ 关于反对学院推荐而做出的一系列重要任命，见 Schnabel, *op. cit.*, Vol. 5, pp. 171-175, 317-327。

同大学（或偶尔在其他地方）的物理学家、化学家和历史学家各自之间的互动努力而实现的。他们是以个体创业者，或一名导师带领几个弟子的小组形式来开展这些工作的。但由于大学对成功的研究者存在着强烈的需求，他们的这些工作得到鼓励和促进。只要科学领域仍然是卖方市场，总会有某个大学被说服，采纳某种革新政策。学术界的既得利益者常常反对创新，如上所述，许多重要的任命是由各国教育部中分管大学的领导们强加给不情愿的大学评议会的。部长们利用属于国家的剩余权力，推翻自我治理的大学体系的决定。[①] 因此，大学之间的竞争，以及随之而来的机动性，就在各个领域开创了一个有效的交流网络和一种最新的公众舆论，进而迫使大学追求并保持更高的标准。不是大学中的正式机构，而是大学间的交流网络以及不同领域的公众舆论，代表了科学共同体。这种来自非正式共同体的压力（其产生并获得影响力是在割据体系下工作的结果），而非大学的实体结构，确保了由创造性研究的需要和潜能来指引着学术政策的方向。

5. 大学研究实验室的出现

这些创新的机遇促使科学研究领域出现了常规培训和职业。因为在德国有一个需求成功研究人员的常规市场，能够偿还研究方面的投资。在 19 世纪上半叶的英格兰，一个青年人要想从事研究活动，除非把它当作一项嗜好，能够付得起所有开销，或者愿意安贫乐道，

123

① Schnabel, *op. cit.*, 有关竞争是如何影响生理学成长的系统分析，见 A. Zloczower, *Career Opportunities and the Growth of Scientific Discovery in 19th Century Germany* (Jerusalem: The Hebrew University, The Eliezer Kaplan School of Economics and Social Sciences, 1966)。

献身科学。法国的情况略微好一点。在那里，通过几次有些难度、不甚相关的考试选拔，有为的青年人就能获得某种工作，可以拿出部分时间来做研究，而且有希望随着职位逐步晋升，有越来越多的自由研究时间。

然而，无论是英国还是法国，从事研究工作的最初机会，都离不开一些出于其他动机而获得的途径或职位。一旦有人能够有条件从事研究，而又证明是成功的，他就能利用他的声誉以获取更多的设备和谋生方式，以实现他的兴趣。但在德国，存在着一个需求研究人员的常规市场，从而有可能对研究人员的受聘机会进行多少有些现实的估算，在大学期间即直接投入研究工作，将四到五年撰写博士论文和通过任教资格论文（Habilitationschrift）的时间，都看作为了争取一种颇为高薪且饶有趣味的职业而进行的投资。[①]

正是由于研究工作逐步演变为职业，使得大学认识到一种理念，即教师也应该是具有创造性的研究者。那些想要从事研究工作的人对接受这方面的培训充满兴趣。这种情况也使得教师可以利用他的学术自由，将其大部分的教学精力集中起来，以对少数有望成为研究者的学生进行科学训练。他还可以利用他讨价还价的能力，以及他的学生们讨价还价的能力（学生可以自由地带学分转到其他任何一所德语大学），来获得实验室和其他研究设施。

结果，大约从19世纪中期开始，一些德国大学的实验室就在各自领域成为全世界科学共同体的中心，有时甚至成为活动的基地。如李比希在吉森大学（Universität Giessen），约翰内斯·缪勒在柏林大学，可能树立了第一批典范：由一位导师带领为数众多的高等研

① Schnabel, *op. cit.*, 以及 J. Ben-David, "Scientific Productivity and Academic Organization in Nineteenth Century Medicine", *American Sociological Review* (December 1960), 25: 828-843。

究学者，一段时间内共同在某个专业领域工作，通过绝对的集中精力，终于取得领先全世界的成就。自此到 19 世纪末，一些教授的实验室名满天下，全世界最能干的学生都要前来工作一段时间。在这些地方工作过的学生名单中，常常包括了几乎所有下一代的重要科学家。如 1900 年前后世界各地的重要生理学家，几乎都是莱比锡大学的卡尔·路德维希（Carl Ludwig）的学生。重要的心理学家也是如此，在 19 世纪 80 年代，肯定受教于威廉·冯特（Wilhelm Wundt），他也是在莱比锡。

124 比起 19 世纪早期的改革，这些计划之外、出乎意料的进展对科学组织的演化更具有决定性作用。研究工作开始成为一种固定职业，科学家在许多领域开始发展成为比之前远为紧密结合的网络。他们的核心现在是大学的实验室，培养大量的高级学生，从而建立了他们之间的人际关系以及高效的人际交流途径，开始有意识地在选定问题领域开展集中的合作研究。

6. 大学突破原有功能

1825—1870 年，德国大学中出现了职业研究者的角色以及研究实验室的社会结构。它们的出现，不是由于在大学系统之外有对科学服务的任何需求，而是实质上独立于社会其他部门的大学系统本身内部的发展结果。实验科学无须再证明自己在实用方面的价值，就可以获得这些条件。它只须表明，作为一种创造可靠新知识的方法，在原本为哲学目标而设立的大学中具有优越性。不过，因为它们属于竞争系统的一部分，所以不可避免地，报酬要首先根据胜任力和用普遍标准量度的智力贡献来进行分配。因此，实验科学在大学中占得上风，无论社会上文化氛围和政治气候如何变化，实验科学的这种地位都一直稳固不变。

这一进程也几乎没有什么计划性。德国大学的改革者们深谋远虑地创造了教授－研究员的角色，但其本来中意的并非领导几个研究人员工作的实验室头头，而是哲学家－学者型的人，他们独自工作，将研究成果与各类听众交流。大学这种地方，应该只有几十名教授，给几百名经过精挑细选的学生上课，打好研究高深专业的智力基础。教授们将引导其他人进入少数几个当时在学术上和科学上被认可的学科之一，达到能够向高中学生讲授这一科目的水平，要是他们能力很强并愿意去做，就可以沿着各自学科继续深造，最终成为研究人员。然而出乎意料的是，在经验科学中出现的研究组织，需要更多地投入并产出类似的新知识，它们也不再与大学的本来目标有什么关联了。[①]

举一个例子，在1820年，单独一名教授就可以讲授化学，他在自己的私人实验室中一个人开展研究工作，至多有一名仆人或助手帮忙。他能讲授的内容，包括他自己的发现，正好是成为一名高中化学教师所需要的，并不比一个聪明的医科学生可能感兴趣的化学知识超出太多。

125

到1890年，这一领域已变得非常复杂，即使四名教授也难以应付。他们各自的大多研究，只有那些积极活跃的或有心留意的研究人员才会感兴趣。

在人文学科中，专业化程度也日益增长。更多的历史时段和文化种类被研究和讲授。但人文学科能够保持个体研究的模式。一位

① 关于这一进程的计划外和未预料的性质，见 Schnabel, *op. cit.*, Vol. 2, pp. 209-210, and Vol. 5, pp. 274-275。

亚述语教授只希望有一两名学生，也不需要任何助手来帮助自己做研究。而且，在该领域设立一个教授席位需要的投入相对有限，对大学中开展的其他事务几乎没有影响。

但在化学领域（或实验自然科学的任何其他领域），情况就完全不同了。如果缺少了一名专家，比如说物理化学方面的专家，通常就会在化学特定的培养过程中有所反映。一个教席的设立，需要相当大的一笔投入，学校方面还要承诺在一个新的专业领域培养一定数量的高水平学生，而社会对他们的需求尚不清楚，但肯定无关于高中教学或基础医学——这是负责大学课程的人最初设想的两种科学职业。

到 19 世纪初，大学的发展突破了赋予它的任务，显然有必要重新定义它的功能，重新定义研究人员的角色。

7. 应用科学的起步

大学功能的重新定义势在必行，这个问题不仅关乎大学，也涉及科学在德国社会总体中的地位。科学在德国是作为哲学 - 教育事业的一部分成长起来的，而缺乏有力的科学主义运动的支持。然而，约到 1870 年，我们已经描述的科学上的发展，以及让德国开始了工业化进程、产生出一个更为平等的阶级结构的经济和政治上的进步，使得科学既与技术关联起来，也与经济、政治和社会问题关联起来。因此科学到达了作为孤立于社会其他部分的子系统而进一步发展的极限。

大约从 19 世纪 60 年代开始，有组织的实验室研究兴起，大批训练有素的研究人员可用，使得一种新型应用工作的出现成为可能。

一种带有实用价值的原创思想，如今能够通过团体集中攻关的方式，在较短时间内进行探索和开发。此类型有两个比较突出的例子：一是苯胺染料的发展，二是免疫疫苗的发展。[①] 这两例都导致了非教学性的研究实验室的建立，它们聘用职业研究人员，而非教授。

126

另一个进展发生在一些理工学院中。尽管苏黎世理工学院（Eidgenoessische Polytechnik，属于德语学术体系）被认为是最出色的理工学院，地位堪比大学，但在德国，理工学院没有大学那样的地位。但无论如何，对于大学层次的科学，工业研究和理工学院已成为日益重要的消费者，并最终成为生产者。因此，尽管有用的发明直接来源于科学发现的例子仍属凤毛麟角，但通过对工程师的科学训练，以及工业、医院和军事方面越来越频繁地求助于科学咨询和研究，科学与技术之间建立了密切的联系。

因此，德国科学的快速增长，其结果类似于之前的英国和法国（尽管开始增长时的环境不一样）。然而，在德国案例中，这些结果并不符合大学所宣称的功能（大学功能是纯粹哲学的和科学的），也与科学家在德国社会中的地位不一致（科学家不属于由商人、政客和知识分子组成的上层中产阶级科学主义运动的必要部分），如何从大学内部和外部适应这些变化，的确是一个问题。

---

① 关于苯胺染料，见 D. S. L. Cardwell, *The Organization of Science in England* (London: Heinemann, 1957), pp. 134-137, 186-187; 以及 David S. Landes, "Technological Change and Development in Western Europe, 1750-1914", *The Cambridge Economic History*, Vol. Ⅵ, Part 1 (Cambridge: Cambridge University Press, 1966), pp. 501-504。

8. 社会科学的兴起

如影随形的一项进展是社会科学的兴起。在缺乏一场重要的科学主义运动的情况下，比起英国和法国，德国最初几乎没有什么实用型的社会思想。然而，到了19世纪下半叶，出现了实验心理学、历史社会学、经济学，甚至高水平的数理经济学也在体系内的某些地方露出端倪。

和自然科学一样，社会科学的这些发展绝不是对外部需求的回应，而是出于纯粹学术的关系。如果我们把这些领域在德国的兴起同英国和法国的早期发展相对比，这一点就很明显了。如同先前的英国和法国运用心理学术语对精神现象进行推测一样，德国的实验心理学也是尝试科学地理解人类的行为。这种尝试是对实验科学发展做出的一种内在的智力反应。如果所有的自然事件都能够予以科学的解释，那么人类行为也不会例外。按这一观点，德国的尝试不过是发端于笛卡儿和洛克链条上的更远一环而已。但当西欧国家的科学主义心理学开启尝试创建一种世俗的道德哲学时，德国心理学家的目标则是将哲学作为一门学术科目进行变革，使他们研究精神现象的新方法获得学术上的认可。[1]

127

社会学和经济学也是与学术界状况关系更密切一些，而与现实经济和政治问题联系不多。这种关系的体现就是，德国的这些学科绝大多数关注历史问题，而非当代问题（如英国和法国的情况）。德国社会学家和经济学家不是政治上活跃的上层中产阶级成员，而是

① Joseph Ben-David and Randall Collins, "The Origins of Psychology", *American Sociological Review* (August 1966), 3: 451-465.

属于一个封闭的学术共同体。因此，他们没有运用科学的概念，去为一个自由的、经济上先进的社会设计一些模型，而是试图为编史学和其他人文学科开创一种新的方法论。当马克斯·韦伯想要理解近代社会的独特之处，他就试着洞察17世纪的清教主义精神，并将其当成资本主义的根源。而法国社会学家埃米尔·涂尔干为了理解近代社会，却是通过理论探讨劳动分工的不同形式、分析他那个时代不同社会中的自杀率等方法。在英格兰，孔德、马克思、赫伯特·斯宾塞（Herbert Spencer）风格的社会思想非常深厚，但没有让社会学作为一个学术领域兴盛起来。相反，从事社会调研的是那些热衷于社会改革的人，如查尔斯·布思（Charles Booth），贝阿特丽策·韦布（Beatrice Webb）等。[①]

经济学中的这种差别甚至更为显著。英法学派关注经济的分析，而德国学派则几乎全是历史的研究。[②]

尽管这些学术的发端较少关注应用，但同期针对这些问题的公众兴趣不断增长。德国成为部分的议会民主制国家。如何掌控和处理一个现代社会的事务，所有的问题它都要面对。结果，那里兴起了一些意识形态（马克思主义），对社会问题的若干调查研究，以及在精神分析方面，为创建一种基于科学的道德规范而付出了巨大

---

① Max Weber, *The Protestant Ethic and the Spirit of Capitalism* (London: Allen & Unwin, 1930); Emile Durkheim, *The Division of Labor in Society* (Glencoe, Ill.: The Free Press, 1947); *Suicide: A Sociological Study* (Glencoe, Ill.: The Free Press, 1951); Beatrice Webb, *My Apprenticeship*, 2 vols. (Harmondsworth: Pelican Books, 1938).

② 关于德国经济学的落后，见 H. Dietzel, "Volkswirtschaftslehre und Finanzwissenschaft", in W. Lexis (ed.), *Die deutschen Universitäten: für die Universitätsaustellung in Chicago*, Vol. I (Berlin: A. Ascher, 1893)。只在1923年才开始在大学中开展经济学现代化的研究，见 Erich Wende, *C. H. Becker, Mensch und Politiker* (Stuttgart: Dautsche Verlags-Amstalt, 1959), p. 129。

努力。[①]

因此，在这些领域，科学的发展也同样碰触到实际的问题。这128一情况的发生，由于缺乏基于广泛社会和政治支持的科学主义背景，从而在社会科学领域造成了比技术领域还要严峻的问题。

9. 20世纪早期德国社会中大学的角色

我们现在的讨论将思考两个问题：（1）大学如何回应其内部发生的变革，即那些在较高科学水平上开展研究和教学的领域，涵盖范围可能会极大地扩张，若干领域的研究将转变成规模越来越大的有组织行为；（2）随着日益卷入技术和当代事务，大学与其外界环境的关系被修正到何种程度？本次讨论将尝试系统地处理第一个问题，而对第二个问题只采用一般的方法做些评论。

定量地看，大学及其研究活动的扩张非常迅速。1876—1892年，大学生的数量增长一倍，从16124人增长到32834人，而到1908年又增长到46632人。在理工学院（1899年获得大学的地位），学生数量从1891年的4000人增长到1899年的10500人。教研人员的增长虽有些缓慢，但起步较早（1860年1313人，1870年1521人，1880年1839人，1892年2275人，1900年2667人，1909年3090人）。普鲁士、萨克森、巴伐利亚和符腾堡的所有大学的预算，1850年为229万马克，1860年为296.1万马克，1870年为473.4万马克，1880年为1207.6万马克，1900年为2298.5万马克，1914年为

① Philip Rieff, *Freud, The Mind of a Moralist* (New York: Viking Press, 1959).

3962.2 万马克。[①]

但同时，大学内部的紧张局面也在逐步升级。大学不是变革它们的结构以能够充分利用扩张的机遇，而是采取了一种紧缩的政策，限制新领域的增长和旧领域的分化。尽管学生和教员的数量增多了，尽管研究方面开支急剧攀升导致大学经费增长更快，但大学的组织结构没有做出调整。按官方标准，大学仍然是教授组成的法人团体，即使他们与其他学术等阶［包括具有一定学术地位的编外教授（Extraordinarius）和无俸讲师，以及连正式学术身份都没有的学院助理］的比例已经发生了大幅变化。在实验自然科学和社会科学这些具有最大增长潜力的领域，这种组织结构格外显眼。就自然科学而言，发展可能来自于研究机构的增长，这些机构鼓励实验科学领域的教授们把他们各自的领域当成私人苑囿。社会科学的增长遇到阻碍，主要是由于在那些意识形态上敏感的领域，很难将政治纷争从经验探究中排除。所有这些会在学术生涯中引起一种挫败和无望的感觉，其表现就是在较低层级人员中出现了类似工会的组织。1909 年成立了副教授协会（Vereinigung ausserordentlicher Professoren），1910 年成立了德国无俸讲师协会（Verband deutscher Privatdozenten），两年后，这两个组织合并成为非教授参加的德国大学教师联合会（Kartell

129

① W. Lexis (ed.), *Die deutschen Universitäten: für die Universitäsaustellung in Chicago, op. cit.* See Vol. I, pp. 119 and 146, 对于其他国家，p. 116; W. Lexis (ed.), *Das Unterrichtsweesn im deutschen Reich*, Vol. I, *Die Universitäten* (Berlin: A. A. Ascher, 1904), pp. 652-653; and Friedrich Paulsen, *Geschichte des gelehrten Unternischts an den deutschen Schulen und Universitäten vom Ausgang des Mittelalters bis zur Gegenwart*, 3rd ed. (Berlin and Leipzig: Vereinigung Wissenschaftlicher Verleger, 1921), Vol. II, pp. 696-697. 关于科学的发展，见 Lexis, *Das Unterrichtswesen*, pp. 250-252; and Frank Pfetsch, *Beitraege zur Entwicklung der Wissenschaftspolitik in Deutschland*, Forschungsbericht (Vorläufige Fassung) (Heidelberg: Institut für Systemforschung, 1969) (stencil), Part B, Appendix, Table IV。

deutscher Nichtordinarien)。[①]

有抱负的科学家和学者们所遭受的困难，主要是由于大学组织的保守主义，以及支配大学的教授寡头制度。作为一个等同于大学的法人团体，教授们阻止了对现有结构的任何重大调整，而这个结构将"研究所"(开展研究的地方)与"教授席"(由大学法人团体成员充任)分割开来。前者仿佛成为后者的封建采邑。这一系统造成的后果是，当某一领域研究活动增长，从刚刚入门者到最老练成功的学术领袖，会形成一个完整的梯队；而大学的组织形式却阻碍着这种梯队，因为那些拥有席位的教授和没有席位的其他人之间存在着权力和地位的鸿沟。

享有高度特权的大学教授团，其保守主义的一个紧密相关的表现就是他们抗拒任何实践性质或应用性质的创新。他们不仅不准许工程研究进入大学，而且反对赋予理工学院以学术学位授予权(1899年这一权力还是由皇帝御赐)。他们还拒绝承认实科中学(Realgymnasium)具有大学的预备资格，并反对许多其他的改革提议。他们对细菌学研究和精神分析研究的抵制，已在其他地方有所描述。[②]

130

在基础研究领域和较早确立直接应用性的领域，扩张虽然一直

① 关于正教授在各学衔中所占比例，见 Lexis, *Die deutschen Universitäten,* p. 146, and *Das Unterrichtswesen,* p. 653。领域中的差别，见 Christian von Ferber, "Die Entwicklung des Lehrkörpers der deutschen Universitäten und Hochschulen, 1864-1954", in H. Plessner (ed.), *Untersuchungen zur Lage der deutschen Hochschullehrer* (Göttingen: Vandenhoeck und Ruprecht, 1956), pp. 54-61, 81。有关各种不同工会的建立，见 Paulsen, *op. cit.*, p. 708。关于整个问题的考察，见 Alexander Busch, *op. cit.*, and "The Viscssitudes of the Privatdozent: Breakdown and Adaptation in the Recruitment of the German University Teacher", *Minerva,* (Spring 1963), II : 319-341。对社会科学中困难的描述，见 Anthony Oberschall, *Empirical Social Research in Germany 1868-1914* (Paris and The Haugue: Mouton, 1965), pp. 1-15, 137-145。

② Joseph Ben-David, "Roles and Innovation in Medicine", *American Journal of Sociology* (May 1960), LXV: 557-568.

在持续，但是变得有所选择。那些已有的较为巩固的领域，只有数学和物理的大学教授新席位出现快速的增长。在其他较为巩固的领域却鲜有扩张。[①] 智力上的重要创新，例如物理化学、生理化学及其他一些领域，不过勉强获得学术的认可而已。[②] 这些领域的专家们收到的学衔一般是编外教授，或研究所的领导人，但他们只在极少情况下才能够被授予讲席教授（Ordinarius）——唯一真正教授的级别，当然不是通过新设一个教席，而是参照大致的规定条件，将个别人士任命到已有的教席。多数时候，研究的大幅增长和专门化，只会导致助教阶层的膨胀。社会学、政治科学和经济学，作为独立的学科只得到初步的发展。几项主要的进展有：临床医学方向设立了新的教授席位，人文学院开出了门数更多的语言、文学和历史课程。[③]

这种扩张模式表明，在新研究领域的创建中先前确保从纯粹的科学考量为主的竞争机制，已经遭到了破坏。在不需要大型实验室设备的理论研究领域（理论物理、数学、神学、人文学科），这种机制还能和以前一样发挥作用。但是，在那些需要实验室设备的领域，只有实验物理学和临床医学出现了较为快速的发展。[④] 这两者都是新领域，和任何老牌学科都没有竞争（重要的物理实验室只出现在 19

---

① 见 von Ferber, *op. cit.*, pp. 71-72, and Zloczower, *op. cit.*, pp. 101-125。

② *Ibid.*, pp. 114-115（关于生理化学）。即使像物理化学这样一个在理论上非常重要的领域，在 1903 年也只有 5 个研究所——莱比锡、柏林、吉森、哥廷根和弗赖堡，以及在布列斯劳、波恩、海德堡、基尔和马堡的 5 个下设机构（编外教授在由他人领导的研究所中有专门部门）。这是奥斯特瓦尔德（Ostwald）在莱比锡大学设立该领域的第一个教授席位（1887）近 20 年后的情况，距他出版著名的教科书以及发起创办该领域的杂志已经 20 多年了，见 Lexis, *Das Unterrichtswesen,* pp. 271-273。

③ von Ferber, *op. cit.*, pp. 54-61. 关于完整的问题见 L. Burchardt, "Wissenschaftspolitik und Reformdiskussion im Wihelminischen Deutschland", *Konstanzer Blätter f. Hochschufragen* (May, 1970), Vol. VIII: 2, pp. 71-84。

④ *Ibid.*, pp. 71-72, and A. Zloczower, *op. cit.*, pp. 101-125.

世纪 70 年代，专门领域的临床研究也从那时开始）。[①] 它们的成长，可能也受到过一些外部竞争的刺激，来自理工学院、新设的政府研究机构，以及拥有良好研究设施的公立医院等。即使这些领域在大学中的发展也会倒退。到 19 世纪 80 年代，人们仍认为大学里的物理实验室不够好，认为临床领域基本上是在老牌基础医科范围的专门化而已。没有依据新的临床研究单元（接近 19 世纪末才在美国开始出现）将自主权赋予这些专门领域。[②]

131

在实验科学被推到大学学术最前沿的趋势下，上述新情况可谓一股逆流。这一变化并非因为那些学科江郎才尽，而是如已经指出的那样，是竞争机制被破坏所造成的结果。在其他国家（如美国），实验科学方面的人才增长比起其他学科速度更快。即使在德国，1870—1912 年自然科学方面学生数量的增长速度，总的来说也是哲学学院学生增长速度的两倍。[③] 竞争的有效性曾经就在于提供这样的机会，让新专业的革新者（常常很年轻）不靠老师便可以扬名立万，获得独立的新教席和实验室。他们通常先在一些边缘性的大学获得这些机会，接着这种成功的做法迫使其他大学纷纷效仿。随着老的实验领域（化学、生理学）中研究所的增多，年轻人若是没有某位教授的帮助，则很难立足，因为已经无人能在研究所之外开展重要的研究了。这一进展提升了研究所带头人的权力，他们愿意将所在领域产生的新专业作为分支专业设于自己的研究所内部，以维护既得利益，而不允许它们设立分庭抗礼的教席，筹划新的研究所。

---

① von Ferber, *op. cit.*, 以及 Felix Klein, “Mathematik, Physik, Astronomie”, in Lexis (ed.), *Das Unterrichtswesen,* Vol. I, pp. 250-251.

② Pfetsch, *op. cit.*, Part B, pp. 27-32; Felix Klein, *op. cit.*, pp. 250-252; A. Flexner, *Medical Education: A Comparative Study* (New York: MacMillan, 1925), pp. 221-225.

③ Pfetsch, *op. cit.*, Part B, p. 35.

因此，当一些老牌领域内部这种阶层之间的紧张关系日益升级，从体制上支持新领域培育的阻力也越来越大。如果新领域是学科内部的革新，或带有纯科学的性质，它们一般可以被安置在大学里面，但经常是作为老学科的分支形式。为证明新设任何教席的合理性，都要对新领域的理论方面的意义，进行百折不挠和冗长乏味的争辩。这些争辩，经常是围绕某位候选人的个人素质展开，往往掩盖了真正的问题，还在学术事务中掺杂了许多个人恩怨。若是大学也像系那样来组织，这些问题就会以一种非常客观的方式进行处理。

132

如此一来，法人团体组织的刻板得到了充分的体现。只要研究活动还是以个体为社会单元，研究领域较少而界限分明，那么独立的教席系统就会相当好地符合研究工作的需要。学科内的创新不需要组织方式的变革；它们需要的只是在已有教席基础上增加新的教席。竞争会迫使大学这样做。

可是研究的基本单元一旦变成团队，领域之间的界限变得越来越模糊，就需要变革组织形式了。然而，法人团体型的大学不愿做出变革，没有强大的大学行政部门的推动，仅凭竞争不足以迫使大学这样做。吸引一个优秀人才到大学的好处，能够说服其成员同意设立一个新的教授席位，特别是当在这方面可能拥有既得利益的某个人恰好腾出席位而产生问题时。但是，要试图说服几位相关领域的同事们建立起相互合作的关系，或在强大的研究所（它们被当作教授们的私人领地）之间发生管辖权争议时表明立场，或在研究所的负责人及其助手之间发生冲突时做出判断，对于一个由平等成员组成的法人团体来说是勉为其难的。他们宁愿在大学之外建立新的研究所，也不愿变革大学的结构。科学新领域的开创因此只能寄希望于中央政府。从而 1887 年出现了帝国技术物理研究所（Physikalisch-Technische Reichsanstalt），1911 年建立了威廉皇帝学会

（Kaiser Wilhelm Gesellschaft，今马普学会）。①

10. 德国社会结构中大学的地位

现在讨论进入第二个问题：由于日益卷入实用问题，大学与其外界环境的关系被修正到何种程度？与大学的守旧相反，直到 1933 年前主要的几个德语国家都是慷慨大方、颇有先见地支持科学。如前所示，通过皇帝的御令，理工学院获得大学的地位。威廉皇帝学会同样是由政府资助的，它建立了德国最重要的几个研究所。大学的预算也增长迅速。甚至私有工业对科学研究也提供了重要的支持。133 在第一次世界大战以前（甚至包括魏玛共和国时期）的所有迹象表明，那里出现了不断增长且富有成效地支持科学研究的景象。②

但这种支持并没有改变大学（实际上是科学总体）在社会中的功能如何重新界定这一基本问题。之所以给予科学乃至学术支持资助，是因为它们被看作实现军事、工业和外交目标（例如研究外国语言和文化）的有效手段。③ 这种支持与其他国家相比并没有多少差

① Busch, *op. cit.*, pp. 63-69. 大学在科研费用总支出中的份额从 1850 年的 53.1% 下降到 1914 年的 40.4%，而那些在大学之外的自然科学（不包括医药和农业）的研究机构的份额从 1.4% 上升到 11.0%，技术研究所的份额从 5.3% 上升到 13.4%。由于这些数据也包括人文学科，在这期间大学的人文学科所占份额是增加的，所以科学从大学转移的程度可能比这些数字所显示的更大，见 Pfetsch, *op. cit.*, Part B, Table IV，概述了普鲁士、巴伐利亚、萨克森、巴登和符腾堡各邦的科研费用支出情况。这一转移证实了主动权从大学悄悄转入专门研究所和技术研究所的解释。

② Pfetsch, *op. cit.*, Part B, pp. 4-8, and J. D. Bernal, *The Social Function of Science* (London: Routledge & Kegan Paul Ltd., 1939), pp. 198-201。1900—1920 年，科研费用占国民生产总值的比例没有显著增长，此后可能也没有太大的增长。

③ 在为国家目标的开支中，科学预算的削减，并没有明显的反映。但军工利益集团在支持科学方面的角色，从一些重要研究所的创建历史中可以显而易见。见 Pfetsch, *op. cit.*, Part B, pp. 27-32; Part C, pp. 14, 56-59; and Busch, *op. cit.*, pp. 63, 66-69。

异，科学家也和其他地方的一样，懂得如何利用这种支持来实现自己的目标。与其他国家（特别是英国和美国，以及某种程度上的法国）的不同之处在于，德国缺乏科学在价值观方面对社会的回馈。“科学的知识”作为专业技术的要素之一，得到高度评价并被广泛传播。但“科学的价值观”作为社会和经济改革的要素，也是职业道德的要素，很少被提及。在西欧国家，有一场运动试图使更多的行业专业化，通过高等教育和社会研究，向商业阶层、技术专家、公务员、政治家，以及普通民众灌输科学的普遍主义和利他主义精神，但德国错过了这场运动。[①] 或者，就算有过一些运动，总体上也与大学或职业科学几乎没有什么关系。

出现这种情况的原因如下：在德国，中产阶级由独立的民众构成，他们拥有的地位是凭借他们在各个领域的成就而非特权，但智力探究没有作为中产阶级生活方式的重要方面而兴旺发展起来。它主要是在少数几个统治阶级成员的支持下才开始像温室花朵那样茁壮成长。按知识分子的观点，在与拿破仑进行斗争的特别有利条件下创建的新型大学，是德国从事自由智力活动的唯一稳定的建制化体系。大学的地位和特权是由军事贵族构成的统治阶级赐予的，而不是作为一项自由事业成长所能达到的阶段。因此，这是一种建立在妥协基础上的岌岌可危的地位，国家统治者借此将大学及其全体

134

① 关于英国与美国的科学主义运动、社会使命和职业精神之间的联系，见 Webb, *op. cit.*, Vol. I, pp. 174-197; Vol. II, pp. 267-270, 300-308; R. H. Tawney, “The Acquisitive Society” (New York: Harcourt Brace Jovanovich, 1920), Chap. VII; A Flexner, *Universities: American, English, German* (New York: Oxford University Press, 1930), pp. 29-30；Armytage, *op. cit.*, 以及 N. Annan, *op. cit.*。与这种做法相对比的是，德国对科学的支持不是一个公众争论的问题，甚至不是议会辩论的问题。关于科学的决策以类似于军事决策的方式做出，即由政府根据一个私密的由专家公务员、科学家和工业家组成的小圈子的建议和（或）压力做出决定。见 Pfetsch, *op. cit.*, Part C, pp. 60-61，关于德国想要成为职业人士的人们缺乏教育理想和实践准备这一问题，见 Wende, *op. cit.*, pp. 126-127。

成员当作培养特定类型专业人员的工具。然而，统治者也允许大学按照自己的方式开展教学，利用其地位从事纯学术和科学的研究。因此，大学必须时刻保持守势，以免被怀疑有颠覆行为，从而失去保障其自由的精英地位。[①]

到19世纪末，中产阶级和产业工人阶级的兴起和崛起，提供了一个改变这种前途命运的机会。到这个时候，大学已经获得了巨大的声望，在帮助这些新的社会推动因素发展出一种平等主义和普遍主义的社会精神气质方面，能够发挥重要的作用，这些精神气质在西欧是通过科学主义的自由运动，和后来的社会主义运动发展起来的。但是，正如其他的社会特权部门那样，各个大学实际上对这些新的进展，或者选择敌视的态度，或者起码是漠不关心。

某些知识分子总是朝思暮想通过平等主义的增长而引起阶级门槛的降低，除了这一担心外，德国还存在另外的问题。那里的科学家几乎没有成为中产阶级一部分的动机，因为这些中产阶级缺乏官方认可的尊严，更没有自尊。德国中产阶级的目标是被贵族阶层接纳。[②] 与法国不同，德国不存在一个由商人和专业人士组成的受到高

135 度尊敬的中产阶级，也不像英国那样拥有成功和强大的上层和中上

---

① 见 Ben-David, *op. cit.*, and Zloczower, *op. cit.*, 这是理解德国大学的一个关键点。显然，它们的创建都带有明确的道德目的。费希特、洪堡和其他人认为，大学应该产生一个哲学上训练有素且道德上正直的领袖群体，对于行政部门和学术生活中的精英而言，在某种程度上确实如此。但费希特和洪堡没有考虑到国家和大学之间关于实际政治事务可能会发生冲突。他们把国家看作他们自身文化理想（公办教育）的代表，在国家和大学之间他们感到只有劳动的分工，在根本问题上没有利益冲突。这种观点设想的国家和大学之间一厢情愿的和谐，只有在下列条件下才能维持：（1）政府超然于国内所有的党派斗争和经济利益集团的冲突；（2）大学也彻底保持不受社会利益和冲突的影响。当德国新式大学创建时，普鲁士的“国家”似乎处于独立于“社会”的地位。当这种观点无法维持时，大学就会面临选择，是否要像在法国和英国一样，成为普通市民社会的一部分。然而，它从未实现这一目标。关于19世纪早期的情况，见 König, *op. cit.*。第一次世界大战前后事态发展带来的持续不宁的感觉，见 Fritz K. Ringer, *The Decline of the German Mandarins: The German Academic Community, 1890-1933*。有关当时的观点，见 Schelsky, *op. cit.*, pp. 131-134。

② Sombart, *op. cit.*, pp. 448-450.

层群体——这些群体共享科学的价值观，能够并且愿意从政治上和经济上支持科学的事业。

德国只有高级公务员阶层，在尊严方面堪比那些教授，在观念和兴趣方面也有几分类似。这些人受过大学的培养，往往具有较高的素养,充满使命感。他们接受了“文化之国”（Kulturstaat）的观念，把支持高深学问和创造性当作他们义不容辞的责任，因为一方面他们受到过这种精神的教育，另一方面这对于他们要求得到准贵族的地位和凌驾于社会其他阶层的权威，也是一种起作用的合法根据。

社会阶级的这种体系结构，解释了德国学术界面对社会的新发展所采取的行动。出现在他们面前的选择是，或者支持一个具有公德心并受过良好教育的功勋贵族阶级，或者支持一个自私、缺乏教育的中产阶级——甚至不能指望他们保护商业利益，因为他们中的有些人一有机会就会立刻加入反动的地主贵族阶级。在第一次世界大战之前，工人阶级还不能成为一个令人尊敬的选择。此后的工人阶级本来可以提供这样的选择，但大多数教授认为它是一个缺乏吸引力的，甚至不可能的选择，因为他们大多将社会主义等同于暴民政治和反对创新的平均主义。[1]

德国采取的这些态度并没有什么特别的地方。西欧和别处的许多学者也持相同看法。在英国和美国，甚至有些学者也站到保守主义贵族的立场，并据此推论出，他们有责任尽量让这些新兴阶级更有教养和公德心。在法国，保守派人士和其他政治派别一样，能够选取对他们个体而言任何看似合理的路线，而不顾别人做了什么。他们和那些持不同看法的同事之间的长期争斗，还有可能被他们带到教学和活动的任何场合。然而在德国，试图通过强调大学的中立性，

① Ringer, *op. cit.*, pp. 128-143.

将整个问题搁置。这一立场使得自由主义者有可能接受大学应该享有特殊和准贵族式的地位，从而为其等级森严的内部结构进行辩护，也为大学冷对涉及价值判断和激发情感的议题做出合理的解释。[①] 但在这种情况下，大学超然于政治、当代事务甚至技术，这一点容易遭到保守派和一般右翼势力的责骂。由于大学和理想化政府之间的传统界定，高层公务员和教授之间密切的利益往来，任何与政府有关的事务都至少部分地被豁免于这种“超然原则”。

136

关于社会科学以及任何涉及当代事务的学科，大学都是极为慎重地予以认可，然而，对于甚嚣尘上的民族主义和反犹宣传的历史与文学研究容忍默许。[②] 大学也没有发觉它们的许多人员已经公开或正式地参与军方事务，与他们反对将技术研究引入大学的立场前后矛盾。[③] 因此，大学的中立性也非常含混不清，因为教员们容许大学被多少有点专制的政府用作政治目的，并让大学成为那些被指定为传统秩序的真正代表的讲坛。

这么多的“自由主义”因素接受了这种状况，其原因尚难以确切地断定。在第一次世界大战之前，他们可以借口对威廉帝国公办教育（Bildungsstaat）理念的认同，为自己的行为辩护，甚至将德国视为世界上社会制度最先进的国家。而许多大学对魏玛共和国时期普鲁士教育部长贝克尔（C. H. Becker）发起的大学改革举措采取拒

① Max Weber, “The Meaning of ‘Ethical Neutrality’ in Sociology and Economics”, in his *On the Methodology of the Social Sciences,* tr. and ed. By Edward A. Shils and Henry A. Finch (Glencoe, Ill.: The Free Press, 1949), pp. 1-47.

② R. H. Samuel and R. Hinton Thomas, *Education and Society in Modern Germany* (London: Routledge and Kegan Paul, 1949), pp. 116-118, and Peter Gay, “Weimar Culture: The Outsider as Insider”, in Donald Fleming and Bernard Bailyn (eds.), *Perspectives in American History* (Cambridge, Mass.: Charles Warren Center for Studies in American History, Harvard University Press, 1968), pp. 47-69.

③ Busch, *op. cit.*, p. 63, 关于对技术的歧视，见 Wende, *op. cit.*, p. 133。

绝合作的做法，那么多的教授怀念着旧秩序，对新秩序大加挞伐，就更难用上述借口解释了。然而，在这两个时间段中，学术界的态度与教授们的利益相一致，都要维护自身作为一个拥有高度特权的"身份"，超然于社会各阶级之上，不用对任何人负责，却得到同样享有特权的高级公务员的保护，并与他们自然而然地联合起来。大学需要和形形色色的政客打交道，要想改变这种局面，恐怕会带来诸多不便。[①]

由于大学内部等级间的紧张关系，以及新领域难以获得承认，科学活动的中心，特别是新近出现的一些领域，开始转移到英国和美国。[②] 第一次世界大战后政治局势日益紧张，以及长期以来的毕业生失业问题，使得大学在社会中的地位日益艰难。如果说德国仍然能够保持科学的领先地位，一部分原因是存在着一个战前成长起来的非常庞大的科学带头人群体，另一部分原因在于国际科学共同体的惯性——仍继续把德国大学作为偏爱的培养基地和会议场所。德国政治局势紧张以及职业前景不明，但来访的科学家们置身事外，按照德国大学的本身理念来看待德国大学：它是最纯粹的为学术而学术的场所，是处处卓越的无与伦比的中心。[③] 在这些条件下，通过政府对科学事务的明智干预，保住德国科学的最高地位并不太难。然而，只有当政府有兴趣保持这种至上地位时，这种局面才能延续；大学系统不再是科学的原发性和驱动力的来源，但也没有别的社会

137

① Schelsky, *op. cit.*, pp. 164-171.

② 关于早期美国在天文学、细胞学、遗传学、物理学某些分支、医学、工业研究以及动物行为学方面的优势，见 J. D. Bernal, *The social Functions of Science* (London: Routledge and Kegan Paul, 1940), p. 205。有关生理化学的研究中心转移至英国，见 Zloczower, *op. cit.*, p. 115。

③ Charles Weiner, "A New Site for the Seminar: The Refugees and American Physics in the Thirties", in Donald Fleming and Bernard Bailyn (eds.), *Perspectives in American History*, Vol. 2 (Cambridge, Mass.: Charles Warren Center for Studies in American History, Harvard University Press, 1968), pp. 190-223.

机制能够替代它（除非政府希望）。

如果纳粹没有接管这个国家，科学中心的转移是否能够逆转呢？这是一个毫无意义的问题。即使纳粹还没有上台，大学也是促成纳 138 粹可能上台的那个系统的一部分。

第八章

科学研究在美国的职业化

1. 美国的研究生院

从 19 世纪 60 年代到第一次世界大战期间，发生在美国的那些变迁，许多情况下包含着最早从德国发展而来的逻辑结果。研究生院和大学研究组织的发展就属于这种情况。然而，在针对专业的培养方面，以及更大程度上的本科生教育计划方面，德国的影响力适应了更为本土的美国，或者更确切地说，适应了共同的美英传统。

引进欧洲模式的一个关键步骤是研究生院的创建。尽管严格来说，德国没有研究生院，尽管美国研究生院尚不过初具雏形，但那些首倡者认为他们完全效仿了德国模式。[①]

德国和其他欧洲大学只培养学生获得单一层次的学位。当这一

① Lawrence R. Veysey, *The Emergence of the American University* (Chicago: University of Chicago Press, 1965), pp. 160-161, 166. 研究生院教师强烈希望尽可能亦步亦趋地效仿德国模式。美国大学校长倾向于更为务实的态度。

体系在19世纪早期建立以后，事实上有可能在科学和学术的任何分支上完整且全面地进行该层次的培养。毕竟，许多杰出的科学家还只是业余爱好者，单独一名教授总是能精通整个领域的知识。德国大学的哲学院系（包括所有的人文和科学学科）提供了直到最高水平的科学或学术的教育。但不是所有获得学位的人都有资格从事研究。在19世纪早期，任何地方都没有“合格的专业研究者”这一概念，因为科学研究被认为是一项充满魅力的活动，只有少数拥有灵感的人才能成功从事。然而大学能够（实际上德国大学已经这么做了）进行严肃的尝试，在最高水平上讲授几个主要学科能够讲到的任何知识。

139

但到了19世纪末，这种单一层次学位的培养计划就变得不合时宜了。大学仍假称它的学位课程达到了最高科学水平，也多少按照这一理想开展了一些教学。但即使在这些情况下，囿于这种计划的限制，也不可能得到开展独立研究所需的训练。那些想要成为研究工作者的人是通过担任助手这种非正式的渠道，获得专门的知识和技能，他们在研究所跟随教授（通常具有教席）工作，从而有便利条件开展认真的研究，接触到许多更高水平的助手。苛刻的学位课程的水平高于那些无意从事研究的学生所能有效吸收的知识，但对于那些想要进入专业研究职业的学生来说又很不够。对后者的培养仍是非正式的。这种培养方式的主要缺点是学生难以全面地获得该领域的训练，因为他只跟随一名老师工作。这一体制还造成一种局面，即对某位惯于独断专行的老师形成依附，从而在渴望从事学术职业的人中间引发不安全感。只要这个学生还没有被聘为大学的教席，在科层架构下他就仍然是一名助手，没有独立的专业地位，哪怕他已是资深的研究人员，在科学研究和新人培训方面承担着重要的任务。[1]

对那些留学德国的美国和英国（或其他国家）的学生来说，所有这些缺点并不显著。他们都经过了精挑细选，拥有学士学位，甚至偶尔有些科研经历。德国学术职业中的问题也妨碍不了他们，因为他们自己的职业生涯并不依赖于德国的教授。这种培养方式并不适合德国的学生——他们必须获得全面的技能；却更能满足来访的研究生的需要，他们对学习什么和跟谁学有明确的想法。他们似乎也没有清醒地认识到，由于助理人员在科层体制中依附于研究所的领导而产生的种种问题。作为受欢迎的访学者，无论是被研究所接收还是从一个研究所转到另一个研究所，都不会碰到任何困难。在他们看来，研究所是大学必不可少的一部分，人们在那里开展科学研究或进行研究训练。[2]

140

这种误解导致的后果之一，便是当美国或英国学者回国后，鼓吹采用德国的研究模式，却没有在大学教席和研究所之间做出任何区分。尽管他们明白德国教授等级森严的个人做事方式，却不知道如何从结构上与其对应。他们推崇教席和研究所的结合，并考虑在自己的大学建立这种制度，却完全不知道它与按系划分的结构存在着多么大的差别。不过，按系划分的结构根除了那种不正常局面，即单个教授在整个领域一手遮天，研究所的成员们只能充当教授的

① 见 A. Zloczower, *Career Opportunities and the Growth of Scientific Discovery in 19th Century Germany* (Jerusalem: The Hebrew University, The Eliezer Kaplan School of Economics and Social Sciences, 1966), pp. 64-66。

② 一些关于美国学生在德国经历的有趣描述，见 Ralph Barton Perry, *The Thought and Character of William James*, Vol. I (Boston: Little, Brown and Company, 1935), pp. 249-283, and Donald Fleming, *Willam H. Welch and the Rise of Modern Medicine* (Boston: Little, Brown and Company, 1954), pp. 32-54, 100-105, and Samuel Rezneck, "The European Education of an American Chemist and Its Influence in 19th Century America: Eben Norton Horsford", *Technology and Culture* (July, 1970), XI: 3, pp. 366-388。

助手，却承担着领域的所有专门化工作。

创办美国研究生院的先驱们考虑的是像他们一样在德国留过学的学生——他们拥有学士学位，立志从事职业研究。在德国，从事研究不被视为一种职业，它是面向极少数人的神圣召唤或使命，这些人不需要进行超出标准学位课程之上的正式培训。那时还未有这样的概念，即通过循序渐进的步骤达到职业生涯的顶端。最尊贵的位置是对卓越成就的奖赏，而不是靠按部就班的职业晋升就能获得。在美国，从一开始就构想了一个大学办学理念的重大创新，即大学是基于研究的教学机构。研究生院的研究和教学，只取决于科学发展状况和教授的创造性，这种思想在美国的实施要比德国彻底得多。这一看法隐含着不妥协的“理想主义”，结果，发展出了一套更为良好的培养职业研究工作者的组织系统。在德国，所有学习科学或人文学科的学生都是在以高度专业化的方式进行各自的课程学习，不是为了日后在生活中应用（除了极少数从事学术或科学职业的人），141 而是因为那些当权者认为这样对学生有好处。在美国，只有艺术和科学专业的研究生才被要求从事纯粹的科学和学术研究，对他来说这是为其研究生涯做好准备。如果他确实不想成为一个研究工作者，他可以把所受教育限定在读完传统的本科大学，或者进入专业院校。因此研究生院能够专注于研究工作者的培养。

2. 专业院校

专业院校（Professional school）是另一套结构体系，使美国大学得以免受来自德国教授系统的知识上缩窄的影响。在本科层次，美国的专业院校开始于19世纪60年代赠地学院（land grant colleges）中的一场实用主义实验。[1]但在研究生层次，它的发展平行于艺术和科学方面的研究生院。在某种程度上，它也是1900年前后科学状况的内在趋势的产物。

按照19世纪上半叶德国大学中流行的观念，基础的科学和人文学科在高等教育中具有垄断地位。在医师、律师和教士的培养中，这些学科也受到重视。它们的垄断地位基于一种假定，即大学层次的教学必须具有创造性并建立在原创研究之上；教育家们还认为，严肃的研究只存在于基础科学和人文学科。但这种方法在一些实用职业的学生培养方面往往不太理想。即使德国体系的仰慕者也承认，英国医生的临床训练要比德国先进。但德国强调基础医学领域，而且用并非不合理的论据来进行辩护：医学的实践方面知识可以在大学之外通过学徒来获得。[2]

然而，到了19世纪下半叶，一种新型研究的出现，使得创造性研究只存在于基础领域的假设不再有效。疾病的细菌性成因的发现、越来越多的工程类研究（特别是电学）、精神分析以及某种程度上全部社会科学研究的发展，都不属于公认意义上“基础”一词涵盖的科学。在这些领域，探究者提出的问题，并不来自于任何特定的学科。例如，职业的心理学家和病理学家寻求从物理和化学的角度来理解身体的功能，在他们看来，伊格纳茨·塞麦尔维斯（Ignaz

142

① 关于赠地学院传统的一些阐述，见 James Lewis Morrill, *The Ongoing State University* (Minneapolis: The University of Minnesota Press, 1960); 对其评价，见 Mary Jean Bowman, “The Land Grant Colleges and Universities in Human Resource Development”, *Journal of Economic History* (December 1962), XII: 547-554。

② 对德国大学最好的阐述，也是最令人信服的辩护尝试，可在 Abraham Flexner 的不同作品中找到，包括 *Universities: American, English, German* (New York: Oxford University Press, 1930), and *I Remember* (New York: Simon & Schuster, 1940)。关于德国大学的一些缺点的阐述，见 Friedrich Paulsen, *Geschichte des gelehrten Unterischts an den deutschen Schulen und Universitäten vom Ausgang des Mittelalters bis zur Gegenwart*, 3rd ed. (Berlin and Leipzig: Vereinigung Wissenschaftlicher Verleger, 1921), Vol. II, pp. 710-738。

Semmelweiss）对产褥热致病源进行的统计调查毫无理论意义。而巴斯德等人起初发现疾病的细菌性成因时，也运用过同样的方法。[1]按照“常规－解难题”的科学观，这些研究者提出了错误的问题，得到毫无意义的答案。但有些答案产生了备受瞩目的实际用途，这一事实使得情况变得更加令人不安。

然而，这类研究发展成了一项正规的活动。它表现了一个学科的特性。研究工作者团队之间有持续的信息交流，对于什么能构成一个问题，什么是解决问题的正确研究模式，他们有一致的看法。像那些基础领域的科学家一样，他们也培养新人进入这个领域，即使这种探究与基础科学理论之间的关系往往还不明朗。被称作“应用的”或“问题导向的科学”拉开了帷幕，并在某些方面获得了学术科目的社会结构。它们将被冠以“准学科”一词以示区别，因为其他学科领域的产生，是要解决由某种特定科学的内部传统所界定的问题。[2]

然而，随着这类准学科研究的兴起，高等教育和职业培训之间关系的整个问题又被重新提起。有强烈的呼声要求工程学成为一个学术领域，其他的准学科也遇到类似的情况。

对于这些进展，德国大学的态度是否定的（只有极少例外），正如上一章所指出，大学更喜欢保守地界定它们的工作，将这类研究推给其他机构。[3]

若是其他机构能够平等地与大学相竞争，如物理、数学，以及某种程度上可能还有化学，这种办法倒不失为一种令人满意的解决

---

① Joseph Ben-David, “Roles and Innovations in Medicine”, *American Journal of Sociology* (May 1960), LXV: 6, 557-568.

② 这一术语可以用来将那些呈现学科形态的应用研究和其他的应用研究区分开来，虽然不可能讲清这种差别的原因，但它可能与该领域在创新方面的智力素质和培养人才方面的用处有关系。

③ 见第七章第 9 节及其脚注。

方案。理工学院、威廉皇帝学会，以及某种程度上工业界本身，都在这些领域提供了可选择的研究机会。然而这里也存在问题。例如，在化学领域，工业界建有应用研究实验室，但人才培养是在大学进行。这种分割延缓了化学工程这门专业的发展。 143

而且，即使在理工学院，高级的研究技能仍然要靠个人学徒的方式才能获得。最终，即使在这种新办的非学术研究的机构中，从事研究也不被当作一种职业，以至于那些既非教授又非研究所领导的研究工作者，不得不在等级森严的环境中工作，他们的科学自由和主动性被剥夺。但随着理工学院获得认可，威廉皇帝学会的创立，研究机会快速增多，直到"一战"前上述局限性可能不再对科学发展造成严重的危害。

生命科学作为大学的一个专属保留领域，情况更为困难。正如已经指出的那样，大学反对细菌学的发展。这项研究也推给专门的研究机构。大学在生理化学方面也无甚作为。一些无俸讲师和编外教授将临床研究发展到一定水平，他们强烈希望留在大学工作。尽管大学没有为他们提供学术职位，但还是从智力和资金上促进了他们的职业医学实践。然而，大学的官方组织较少认可这些进展。新的教席设立了，但研究工作仍在基础学科的支配之下，从业者的培训基本不受这些新进展的影响。大学在医学实践中应发挥积极的作用，但这一思想未被德国的大学接受。它们同样也不接受这样的观念：在一个研究工作不断得到实践技能的检验和修正的环境中，通过鼓励与实践相关的研究，并现场训练学生医学实践的详细技巧，使得从业者能更为有效地利用研究成果。[①] 向学生们讲授的仍主要是那些被认为是他们专业知识基础的内容，要想获得从事研究或实用所需的技能，只能寄希望于他们毕业后自己用功。但是，存在于 19 世纪

① Abraham Fexner, *Medical Education: A Comparative* (New York: MacMillan, 1925), pp.221-225.

上半叶的知识基础和实践之间的关系，到世纪末已经被彻底改变了，而这种改变没有在医学院中得到充分的反映。

美国的看法恰恰相反。在那里接受这样的原则，大学要为那些兼顾知识和实践的职业培养学生，因为这些职业具有重要的科学基础，所以这么做是合理的。因此，即使最重视研究导向的学校，也把充实一些职业的科学要素的任务，视为自己的职责，以鼓励与职业工作有关的准学科，培养能够从研究中受益的从业者。最令人瞩目的成功典范是约翰·霍普金斯大学医学临床研究的发展。这所大学没有强调基础研究和临床研究之间令人讨厌的差异（众所周知临床研究在理论和实验方面的不足），而是尝试创建了大学的医院，其条件尽可能与实验室条件相接近，从而利用这些设施改进对医生的训练。

144

在工程、农业和教育领域，美国也采取了类似的政策。大学的相关院系将这一任务视为己任，即尽可能快地从最大程度上为这些不同种类的职业建立研究的基础，并通过培养计划、高级学位、学术组织、期刊和教材等，将这种基础发展为准学科。既有学科的科学家们深表忧虑的是，按学科划分的科学，和以问题为导向但往往缺乏理论意义的研究之间，其边界有变模糊的危险。许多情况下这种批评是有道理的；决心要开展与大学的培养功能相关的研究，有时会导致一些既无关理论，又无关实践的研究。[①] 然而在这一点上需要强调的是，美国大学也和欧洲一样，有一种蕴含于科学状况的功能，却无法恰当地植入现有科学工作的观念和组织里，因此只有通过种种破例和随机应变，才能在美国大学中发展成为明晰的、有组织的和标准化的功能。

---

① Abraham Fexner, *Medical Education: A Comparative* (New York: MacMillan, 1925), pp.221-225. 也见 Fleming, *op. cit.*, p. 110（关于约翰·霍普金斯大学在人才培养方面的优势）。关于对一厢情愿地将某些领域发展成为准学科的批评，见 Flexner, *Universities*, pp. 152-177。

基础科学和人文学科领域研究生院的出现，也发生了类似转变。到访德国的美国学者，对于这个国家将未获学术承认（或未完全承认）的领域进行歧视性区分，并不是太敏感。在他们看来，一名无俸讲师或编外教授在研究所或大学医院中开展研究工作，通常像（往往是）一位先驱者，而不是那些因专攻某一领域以至于不适合晋升到讲席教授的人。

这些差异的原因，也许包含在以下事实中：与德国不同，美国学术界有志于创建更多科学方面的专业院校，开始时并不拥有德国的那种职业教育的垄断权。[①] 更确切地说，他们必须与强大的完全强调实践训练的英美传统相竞争。对这一传统的守护，不仅来自大学教员中前科学时代的遗老，还通过学生们拥有在不同类型大学间选择的自由。学生们坚持要获得充分的实践训练，不想在离开大学后才开始学习他们职业的这些技能。 145

结果，在现代科学影响下的职业教育改革，没有让美国抛弃通过实践经验来学习如何做事的早期传统。科学研究的观念中充分涵盖了问题导向的研究，与其实践导向完全兼容。文理科的专业院校和研究生院，都应该是学生为特定职业实践进行训练的场所，都尽力让学生达到能够独立开展工作的程度。

3. 大学中有组织的研究

基础科学和人文学科中引入研究生培养，以及积极支持与职业训练有关的问题导向的研究，降低了美国大学中进行有组织研究的

① 这种垄断是如何对职业实践的培训功能造成侵蚀，充分的阐述见 Paulsen, *op. cit.*, pp. 225, 261, 262-264, 269, 274-275, 711-714。

障碍。既然大学的功能是训练人们开展和应用最高水平的研究，大学就必须拥有最新式的研究实验室才有可能做到。这些设施不仅对于教授们从事各自的研究不可或缺，对研究生的培养来说也是必备的。而且，既然大学对以实用为目标的培养和研究已抛弃了疑虑，也就基本不再对研究功能的类型设限了。最后，教学上存在按系划分的结构，或许更容易将研究的行政管理办法吸收到大学里来。

在农业、教育、社会直到核物理的研究中，大学引领的研究在规模上大大超出培养学生所需，而且从一开始就是有别于教学的行动。[①]到 1900 年，在农学院、医学院，甚至一些基础科学的院系发展起来的研究组织，对欧洲科学构成了挑战，在此激励下成立了新的研究组织，比如德国威廉皇帝学会，英国科学研究理事会（British Research Council）等。这一进步，当时是另一项起源于德国大学的功能，即教授拥有他们的小型研究所。但在欧洲大学里，他们的发展受到僵化的大学结构的制约。当转移到美国之后，研究所有了长足的发展，欧洲也部分地进行效仿。但这种效仿并没有带来能与美国相比拟的增长，也没有发生在大学之内。它只导致在大学之外建立了专门化的研究所。[②]

146

4. 新学科的成长：以统计学为例

美国的高等教育分化为三个部分：本科学院、研究生院和专业

① 对于不从事教学的研究所的发展，有些十分挑剔的描述，见 Flexner, *Universities*, pp. 110-124; 相反的观点，见 Morrill, *op. cit.*, pp. 24-37。

② 在德国，最重要的这类组织属于马普学会（前身为威廉皇帝学会）；在英国，是各类不同的研究委员会；在法国，是国家研究中心。在美国，也有政府和私立的研究机构，但它们从事的研究类型与大学没有区别，其在整个研究活动中的份额也比大多数欧洲国家要小。统计数据往往无法比较，因为这些研究所都是由教育部资助的，常常被包括在高等教育经费中。

院校，要开展的研究工作有时候与教学的联系也不紧密，事实上为新领域的创建开辟了无限的可能性。如社会科学、比较文学、音乐学以及其他一些领域的学科成长，间接地受到它们作为本科课程广为普及的鼓舞。本科生的兴趣导致了对这些学科中训练有素的教师的需求，从而建立系，甚至在某些情况下这些学科制订博士培养计划。因此，在智力价值或实践价值有所保证的情况下，开创一门学科的组织或准学科的组织，风险并不大。因为大学要迎合五花八门的兴趣，所以也需要同样宽泛领域的教师。因此形成了对研究生培养的需求，这反过来又对院系的分化和创建产生了相应的影响。

系的结构更进一步降低了创业的风险。已有的系总是具有相当程度的异质性，新的专业能够较为容易地安身其中，得到培育，直到足够强大，走向独立运作。

统计学的发展就是个很好的例子。它既是数学的一个领域，也是一种能用于解决极为多样性问题的工具，在欧洲具有悠久的历史，可以追溯到 17 世纪。在 19 世纪，凯特勒（A. Quetelet）发起并领导了一场重要的职业运动，来改进和宣传统计学。[①] 但作为一门学术领域，统计学仍停留在非常边缘的位置，还没有发展出一套基于科学的职业传统。数学家们完成的基础工作，通常不为统计从业者们所知，在理论或实践工作中也缺乏连贯性和一致性[②]。

147

造成这种情况的原因在于，那些统计学领域最具创造力的人通常是数学家或物理学家，他们对改变自己的学科归属不感兴趣。而

---

① Terry Clark, "Institutionalization of Innovation in Higher Education: Empirical Social Research in France, 1850-1914" (unpublished doctoral thesis, Faculty of Political Science, Columbia University), pp. 19-21.

② Terry Clark, "Discontinuities in Social Research: The Case of the Cours Elémentaire de Statistique Adminstrative", *Journal of the History of the Behavioral Sciences* (January 1967), III: 3-16.

另外一些人是业余爱好者，只喜欢解决实际问题，却无意开创基础研究。

为了让统计学成为一门学科，大学中应该必须有一群人愿意将自己标榜为统计学家。他们这些人可能只是致力于统计学的应用，达到能够和对概率感兴趣的数学家进行交流和学习的程度。这群人可能出现于遗传学家、经济学家、社会科学家和心理学家之中，认识到他们所研究问题的统计本质。但他们之中只是间或有人对统计学有真正的兴趣，因为这些领域最重要的贡献是由实验和观察方面的研究构成，统计学方法只起到了相对有限的作用。倡导定量方法的人在各自行业经常是创造力相对较弱的人，而整个方法的有效性还必须得到证明。即使成效显著，所用的统计学技术简单明了，也没有明确的依据表明加强统计方面的工作是改进本领域研究的最佳方式。因此，在德国学术体系中，一个人必须能够代表整个已经确立的领域，对这类人的选拔一般不会太多考虑他在统计学这种边缘科目的能力。[①]

谈到欧洲设立的统计学教席，那不过是些摆设。这些教席的形成，是大学受到学术以外压力的结果，并未反映出一些科学领域将注意力集中于统计学方法。大学通常会抗拒这种压力，但在一些场合它也愿意做出妥协，即看起来在学术上无关紧要，却涉及正当的国家利益，或者该学科能够与更为重要的学术问题保持一定的距离。法学院是培养未来公务员的场所，因而法学院形成了开设政治科学和行政管理课程的悠久传统。这些都是狭窄的学科，学术地位不高，实际用途也不大。这些研究就增加了统计学领域的内容。在法学院里，

---

① 能够充分说明这一点的最著名例子，就是与孟德尔同时代的一位最杰出的植物学家对孟德尔工作的态度，以及孟德尔的发现在日后所遭遇的命运，见 Bernard Barber, “Resistance by Scientists to Scientific Discovery”, *Science* (September 1, 1961), pp. 596-602。

统计学与数学、生物学或其他学科（这些学科对统计学有潜在兴趣）几乎没有联系。那些统计学的教席通常聘用受过法律基础训练的人员。[①] 因此，无论在欧洲大学之内和之外进行什么样的统计学工作，统计学的讲席教授都极少参与，也无法为一个学科的兴起发挥中心作用。

148

统计学在美国的发展与欧洲截然不同。存在着灵活而又不断扩充的系，拥有许多较为独立的职位，使得所有那些在生物学、教育学、心理学、经济学、社会学等领域日益多样化的学术应用者们培育出所在领域的统计学专家。[②] 起初，绝大多数工作者的数学基础过于薄弱，研究领域的视野过于狭窄，难以做出具有重要性的工作。到 20 世纪 20 年代，美国开始日益认识到这些缺点，要求建立更坚实的数学基础。某些开展严肃统计工作的中心出现了，如艾奥瓦州州立大学，就是受到了与大学相关的农业研究站的需求的刺激。[③] 当然，对于数学理论方面的高级训练来说，美国的资源是不足的。

因此，年轻的美国统计学家前往英国，那里在 20 世纪二三十年

---

① Terry Clark, "Discontinuities in Social Research". 关于德国的情况，见 W. Lexis (ed.), *Die deutschen Universitäten: für die Universitätsausstellung in Chicago* (Berlin: A. Ascher, 1893), Vol. I, 1893, pp. 598-603。

② Paul J. Fitzpatrick, "The Early Teaching of Statistics in American Colleges and Universities", *The American Statistician* (December 1955), X:12-18; James W. Glover, "Requirements for Statisticians and Their Training", *Journal of the American Statistical Association* (1926), XXI:419-424, 它包含了统计学教学的详细信息，涉及数学系、经济学系、社会科学系；商学院、教育学院和公共卫生学院，以及心理学院和农学院。

③ 艾奥瓦州州立大学的统计学带头人是里茨（Henry L. Rietz），他是康奈尔大学毕业的数学家，在被聘为艾奥瓦州州立大学数学教授之前，他担任了十多年的伊利诺伊大学的数学教授和伊利诺伊农学院的统计学家。他发表的首部统计学作品是一篇育种学专题论文的 32 页的附录（1907），见 *Annals of Mathematical Statistics* (1944), XV:102-104; F. M. Weida, "Henry Lewis Rietz 1875-1943", *Journal of the American Statistical Association* (1944) XXXIX: 249-251。关于该中心历史的详细描述，见 J. C. Dodson, "The Statistical Program of Iowa State College", *The American Statistician* (June 1948), II: 13-14。

149 代是统计学研究的中心。[①] 受益于英国的培养，到 30 年代后期，美国出现了几处重要的统计学中心，特别是哥伦比亚大学的霍特林（H. Hotelling）和普林斯顿的威尔克斯（S. Wilks）。[②] 后来几名在中欧、东欧和英国受过数学培训的年轻欧洲学者也加入了他们的团队。[③] 在第二次世界大战期间，统计学研究组（Statistical Research Group）的创建和运行，又为统计学的发展增添了动力。

这种战时的合作可能加强了实践一门公认而独特学科的感觉。然而，这种意识并非由此开创，而是至少可以追溯到 1935 年国际数理统计学会（Institute of Mathematical Statistics）的建立（这种意识的存在可能还要早）。[④] 美国统计学会的会议多次呼吁，要求在大学建立独立的统计学系。首个独立的统计学系是由北卡罗来纳大学与北卡罗来纳州州立大学合作建立的，该州和艾奥瓦州一样，发展这个学科具有重要的农业研究方面的意义。该系的建立，使得其他大学也迅速地效仿建立类似的机构，包括一些最知名的大学。因此，统计学科的从业者数量大增，该领域更为理论性的工作得以发展，从而有助于它确立为一门学术性科目。[⑤]

---

① 霍特林 1929 年前往英国洛桑，在伦敦工作的包括威尔克斯（Samuel S. Wilks，1932—1933）和斯托夫(Samuel A. Stouffer)。关于 20 世纪 20 年代开始向数理统计学的转化，见 A. T. Craig, "Our Silver Anniversary", *Annals of Mathematical Statistics* (1960), XXXI: 835-837。

② 1967 年，美国有 95 名数理统计学会的会员获得了博士学位。来自哥伦比亚大学和普林斯顿大学的人数最多，各有 17 名，接着是北卡罗来纳大学和加州大学伯克利分校，各有 9 名。但许多没有从这些学校获得学位的人，也是以这样或那样的方式受到过这些中心（特别是哥伦比亚大学）的影响。该资料基于的数据分析来自 *Statisticians and Others in Allied Professions* (Washington, D.C., American Statistical Association, 1967), and from *American Men of Science* (Tempe, Arizona: J. Cattell Press, 1962)。

③ 瓦尔德（A. Wald，哥伦比亚大学）、奈曼（J. Neyman，加州大学伯克利分校）及其他几位属于 20 世纪 30 年代到美国的外国人。

④ Craig, *op. cit.*

⑤ 北卡罗来纳大学统计学系是在 1946—1947 年建立的。

统计学系的建立，使得统计学工作扩展到越来越多的科学领域，除此之外，大学参与应用领域的培训和研究，也对这个学科的发展起到关键作用。在20世纪头几十年，统计学主要被看作应用研究的一种工具。尽管欧洲从不认为这类研究适合于大学，但美国的大学都同意为这类研究工作提供条件。

统计学发展过程中唯一与美国不分伯仲的是英国，英国的案例也支持这一解释。实际上，就对统计学理论的贡献而言，英国统计学家的贡献要比美国重要得多。英国还领先于美国设立了第一个统计学教席——1933年在伦敦大学学院（University College London）设立。[①] 英国的研究工作在理论方面的优势毋庸赘言。与美国相比，当时英国的科学传统要深厚得多，并拥有一个不那么抽象的数学学派。[②] 因此，对一些一流人才来说，在英国比在美国更容易获取统计学所必备的数学背景知识。

150 至于该领域发展的社会条件，这两个国家之间第一个要说明的相似之处，就是英国也存在着这种可能性，将各应用领域（特别是农业和生物统计学）之间的统计学工作联系起来，也与数学方面的学术工作联系起来。与美国的情况不同，这点并不是由于大学发挥作用，联合各种不同种类的技能和兴趣，以在应用领域开展培训和研究。但是，英国有功能上等效的机制，将一些半正式和非正式的网络和圈子中兴趣相关的人聚集起来，他们既有学术精英、杰出的研究人员，还有该学术领域之外的知识分子。结果，“学生”［戈塞特（W. S. Gosset）的笔名］的工作主要是在工业研究方面，后来费希尔（R. A. Fisher）的许多工作是在洛桑（Rothamsted）的农业研究

① 当时担任这一教席的是埃贡·皮尔逊（Egon Pearson）。

② 感谢芝加哥大学的利奥·古德曼（Leo Goodman）教授提供了这一资料。

理事会（Agricultural Research Council）完成的，他将其与源自优生运动的生物统计学方面的兴趣相互联系起来，并关联了许多学术性工作。[1] 因此，英国也像美国那样产生了共同的职业兴趣意识。

尽管伦敦大学学院率先设立了统计学教席，但这门学科在英国大学中的体制化，与美国相比还是非常地缓慢和曲折。伦敦设立的统计学教席，根本没有产生像北卡罗来纳大学创建统计学系那样的影响，这一情况显露了体制化进程的缓慢。在耽搁了很久以后，美国的这种系已经扩散开来，英国的其他大学才开始效仿伦敦大学学院设立一些统计学教席，而且有人怀疑，这些大学更多的是受北卡罗来纳大学的影响，而非来自大学学院。

同时，大学学院的单个教席也并不像欧陆早期的教席那样一成不变。这个教席尽管也是外界非学术性因素对大学施加影响的结果，却称得上一次学术上和知识上令人起敬的革新，而不是在大学的服务功能方面开空头支票。这个系对学科的成长具有非常重要的意义，与任何相关的科学进展都联系起来了。[2]

形成这种状况的主要原因前面曾提到过，即存在着一种非正式的跨学科联络的系统，沟通了学术研究和实践研究。但是，在这些联络中发挥重要作用的是对统计学感兴趣的各类人士，他们来自于151 各大学不同的系，诸如经济学、数学、心理学以及其他一些领域。英国对这些边缘学科的兴趣，比起欧陆具有更强的连续性和凝聚力，

① E. S. Pearson, “Studies in the History of Probability and Statistics, XVII. Some Reflections on Continuity in the Development of Mathematical Statistics, 1885-1920”. *Biometrika* (1957), 54:341-355.

② 20 世纪 30 年代在伦敦大学学院工作过的人包括埃贡 · 皮尔逊、费希尔和奈曼。在此之前，还有卡尔 · 皮尔逊（Karl Pearson）、尤尔（Yule）以及 “学生” 戈塞特。此外，许多重要的统计学家前往那里学习和研究。《国际社会科学百科全书》列出了 15 位对当今统计方法做出最重要贡献的人，其中有 5 位在伦敦大学学院从事过实际教学。见 M. G. Kendall, “Statistics: History of Statistical Method”, *IESS*, 15: 224-232。

也是由于结构上类似美国的缘故。在英国也有一套按系划分的系统，尽管比美国规模要小得多，等级特征也强得多。从而有可能在大学里面发展起来统计学研究的传统，哪怕该领域并未设立教席。甚至在设置教席之前，在数学、心理学、人口学、生物学以及其他领域，对统计学方法感兴趣的副教授和讲师们就能够在该领域发展出一套虽然规模不大，但是高质量且连续的传统。[①]

这个例子说明，比起欧洲大陆的体系，美英两国的体系更有能力在大学之内或与大学合作，发展出一个源于实践兴趣的新研究领域。美英体系能够在相当长时期包容并不断发展统计学这一准学科，从而将数学统计学培育成一门真正的学科。

然而，在这些共同点之外，两国的差异也令人印象深刻。在美国，学科发展的各个阶段，大学都起着决定的作用。认识到实践需求的存在，大学在农业、生物、经济学等领域实质性地开创了准学科阶段的统计学。经过这一阶段的发展之后，进入学科的阶段。大学在更为严格的统计学实践的职业化运动中，同样扮演决定性角色。

英国的大学（既指教职人员，也指作为组织实体的大学）在学科发展中的作用要有限和被动得多。大学体系的多样性和灵活性，能够使其与有价值的业余爱好者和应用研究者开展合作。但是主动权多数旁落到大学之外的某些人身上，而且，大学尽管具有较为持续的统计学工作，但组织性的创新很难在系统内扩散。美国的科学传统比英国贫乏，但在此基础上美国的发展有其一定的必然性。经过最初的几年之后，我们可能很难看到所有这些发展会如何走向停滞。然而，在英国，这种停滞有可能会发生，因为直到 20 世纪 30

① 除了上条注释中提到的那些人外，著名的心理计量学家查尔斯 · 斯皮尔曼在 1907—1931 年也曾在伦敦大学学院教学。见 G. Thomas, “Charles Sperrman”, *Royal Society Obituary Notices* (1949), 5:373-385。

年代这个学科运行良好之前，其成长依赖于少数几个人的合作，而且这些人很多与大学没有什么联系。

5. 外部条件：分权与竞争

美国大学的传播创新，并最终担负起目前的多种功能，并非预先计划的结果。在这个体系的形成期——从19世纪50年代到大约20世纪20年代——针对大学应该有和不应该有的一些功能，出现过五花八门的想法，在许多问题上争论的观点与欧洲几乎一样。但是，这些想法造成的影响有天壤之别，因为美国学术体制的生态和欧洲有所不同。

152

在欧洲，大学创新的步骤是，将思想呈递给政府，接着由政府根据对该问题或多或少的公开辩论，从相互冲突的观点中给出一个决定。[①] 然而在美国，没有中央的权威，甚至没有非正式的“机构”，来发布指导全国的政策。因此在国家层面没有一致的观点，也缺乏有组织的举措，推动政府实施某项计划，或至少支持他们。相反，某种理念的倡导者会想方设法地在其工作的机构实现他们的计划。[②] 像欧洲一样，美国当然也有州政府支持的大学。但它们并非独一无二，远远享受不到垄断的利益。最具声望和最富有的大学都是私立机构。因此美国的系统要比德国更为分散。德国是面临不同国家之间在相

① 在英格兰，这种辩论是公开的，政府给予一些独立机构很大的自由裁量权，如大学拨款委员会、研究理事会和各个大学。见 George F. Kneller, *Higher Leaning in Britain* (London: Cambridge University Press, 1955)。在法国，辩论也是公开的，但如第六章所示，没有独立的机构。在德国，如上一章所见，中央政府只在19世纪70年代才开始对科学投入兴趣，关于科学政策的公开辩论比英国和法国少得多。

② 见 Veysey, *op. cit.*, pp. 10-18, 81-88, 158-159。

互竞争的局面。而在美国，各个州立大学之间不仅要相互竞争，还要与私立大学进行竞争。

然而，分散并非让美国系统更容易实现创新的唯一条件。另一个同等重要的条件，总的来说，是这个系统没有获得什么重要的垄断权。20 世纪早期，律师、医生以及公务员（公务员仅限于真正受过培训的范围，“在职”除外），经常在大学之外进行培训。中产阶级最重要的职业是经商，在当时根本不需要正式的或资格的培训。大学必须通过创设一些新的学习和研究课程，并成功地营销它们的服务，来证明它们是有用的，值得予以支持。

6. 内部条件：美国大学的结构

153 因为大学要不断地适应创新，以保持其地位，争取用以创新的人力和资源，所以大学既不可能像行政部门那样，根据固定的人力编制和规定来运行，也不可能以教师、学者和科学家组成的完全自治团体那样的模式运行。从而，仿效德国的模式，并不包括采用德国大学的治理系统。这方面发生的变化平行于商业组织的变化。直到 19 世纪 60 年代，大学校长实际上是其机构的经理人，代表董事做事，而董事是法人团体的建立者，享有学校实物资产的法定产权。而新型的校长，兼有独裁者、政治家和企业家的品质，带来了新式大学的崛起。他仍然是非常具有支配性的人物，但是，随着任务规模越来越大，越来越复杂，以及更为卓越的学术人员所表现的越来越强的自尊，要求校长能够让渡一定的职权，并认可学术自由的主张。这批校长培育了今天许多大学的发展壮大。他们奠定了现今大学治理结构的基础，即权力大为削弱的校长对董事会负责，协助校长的有几位全职的学术管理人员，如副校长、院长之类。校长必须像企业家一样，根据千变万化的情况调整他的政策和大学的组织，通过精心地预先计划，迅速开发新思想，千方百计地推动他的大学向前发展。①

为了在这些条件下高效地开展工作，大学的下设单位必须具有：（1）充分的灵活性，实现大学的各种功能，同时适应新的功能；（2）自治性，以便能够在学习科目、教学安排、人员招聘等方面进行变革，而不会过于拖延；（3）足够的规模，在一些需要各种专业知识的领域中，有效地发挥培养和研究功能。②

设立的这些单位中最重要的起初是（现在仍然是）基础文科和理科的系，以及重大的专业学校（较小的专业院校是它们的系）。美国以此代替欧洲的教席加研究所。然而，美国不是让某个人装腔作势地代表一个广泛的研究领域，而是将其交由一个能够真正代表整个学科的团队来实现。

英国也发生过类似的进展。但是，那里系的结构等级森严，通常由一位教授指导几个年轻人的工作。美国大学的系则从一开始就平等得多，因为它们拥有几名同等职称的教师。英国大学系主任的权威甚至延伸到学术事务（如决定系里应该开展何种类型研究等），

154

并且余威尚在。美国大学的系主任主要（或仅仅）处理些行政性事务。至于研究，系主任的任务是从大学的中心当局和外部赞助者那里获得供给，而不是在学术方面指手画脚。

美国大学的系规模较大并容纳数名教授，使得系的发展壮大成为可能，系的内部可以形成独立的研究单元（由一名或几名教师加

---

① 见 Veysey, *op. cit.*, pp. 302-311。

② 同上，pp. 321-332，关于系的发展。

研究生组成）。系的规模较大，还有可能引入一些相对独立的分支专业，而不会对其是否属于本学科产生质疑；对跨学科的兴趣越来越宽容，至少系内一些人员这样做也不会严重影响到本学科的工作。

不像德国为便于某位教授工作而设立的研究所，美国的研究所很少附属于特定的系，事实上也从来不会附属于特定的教授职位。它们往往是跨学科的事业。[①] 它们的目标，或者是任务导向型的研究，即集中若干学科的力量探讨某一问题（如人类发展、城市研究等），或者在不同的研究工作团队之间共享某种独一无二的设备（如加速器）。到 20 世纪初，作为大学的基本单元，系已经建立完善。第一次世界大战之后，研究所也建立了。[②]

7. 该体系的成果：研究的职业化

这些进展很快地转变了科学家的角色。在 20 世纪的头十年，出现了“具备职业资格的研究工作者”这一概念。人们相信，一名人文或科学学科的哲学博士（Ph. D）相当于医学领域的医学博士（Doctor of Medicine, MD）。拥有了哲学博士的头衔，就被认为具备了从事研究工作的资格，正如医学博士具有行医资格一样。

对哲学博士的要求条件使得攻读学位的人寥寥无几，从而抬高了获得学位者的市场价值。但其最主要的作用，对科学家及其雇主而言，还是创立了一种包含特定精神气质的职业角色。这种精神气

① 各类委员会也是跨学科的组织，但它们主要是为了教学和培养，较少关注科学研究。

② 见 Flexner, *Universities*, pp. 110-111。看来各类委员会在 20 世纪 20 年代尚不存在，否则弗莱克斯纳（Flexner）就会提到它们。在“芝加哥大学一览”中查找显示，它们是在 20 世纪 30 年代出现在大学里的。

质要求那些获得哲学博士学位者紧跟科学发展，开展科学研究，为155 科学的进步做出贡献。聘用哲学博士的雇主,则承担这种隐含的义务，即为其提供设施、时间和自由，以持续深入地进行与其身份相称的学习和研究。

这一发展是对19世纪美国大学教师的特殊身份进行的一次新变更。他们那时是校长或董事会的雇员，二者都习惯于对教师颐指气使，仿佛他们只是校长的助手，帮助校长完成所负责的工作而已。这一发展也引起欧洲的惯例发生了重大改变。直到1900年，德国的科学组织仍独步天下，但科学工作者的角色和职业生涯并非其核心要素之一。在那里，研究工作不被看作一种职业。尽管大学内外的研究工作都在增长，但官方对科学家角色的认知和支持在整个19世纪都没有改变过。科学成就被看作神圣的事物，是那些具有特殊天赋的人士最深刻、最精华的才能流露，与体制上的支持无关。因此，研究工作就被捏造成一种自愿的、无偿的活动。某些职位，主要是教授职位，好像有一些官方的感召力（Amtscharisma）。那些拥有这种身份的人享有极大的自由、崇高的荣誉、丰厚的收入、完全安定的任期，只承担很少且相对有限的义务。但是，这些职位并不属于职业生涯的某个阶段，它所附带的自由和特权，也为泽被那些尚未获得如此高级职位的科学家身上。一般而言，教授不是靠研究工作获得薪俸，但他占据了这个收入稳定的职位，从而有可能开展他想做的研究。无俸讲师如果能够筹划妥当，也可以开展研究，但得不到相应的支持①；他不仅没有薪水，也没有官方提供的研究经费。如果他在实验室中工作，还需要得到教授的容许。

按照这一观点，直接支付报酬的研究工作就不能算作研究工作，

① 见Busch, Alexander, *Die Geschichte des Privatdozenten* (Stuttgart: F. Enke, 1959), pp. 109-117。

因为它对创造精神的最深刻流露毫无形而上学的同情。它不过是简单和官僚化的工作，能够（也经常）按照雇主（如领导研究所的教授）的意图，被狭隘和专门地加以规定。[①] 这种架构下的学术自由是特权等级的自由。它可能适合19世纪早期的科学状况，那时科学家还很少，业余爱好者在科学上仍发挥重要作用。但到19世纪末，科学研究已不再是一项业余活动，这种制度在确保科学增长方面，已捉襟见肘，备受争议。到那个阶段，只有将研究工作者的个人自主和科学责任纳入正规的工作，才能提供令人满意的解决办法。 156

新观念中的科学家角色是一种职业性的角色，大学的灵活结构，以及对创新的开放态度，也为至今盛行的学术组织与科学之间的关系带来了大量变化。尽管在学术管理方面，美国教授也花费了与欧洲同行差不多的时间，但这些大多涉及系的事务，与教学、研究和人事等这些影响他们切身利益的问题直接相关。同时他们更有选择性地参与一些学部乃至整个大学的事务。专业学者积极参与这些事务，并不仅仅是作为这个自治团体的平等成员（不加区分）的资格。美国学者参与管理工作，是因为他们喜欢做一些管理工作，并让自己向管理人员的方向发展。他们可以作为专家参与这些事务，为手握重权的院长或校长建言献策。他们的任务类似于其他大型组织中的参谋人员。最后，他们还为学术人员的自主权充当监督者，防止行政机构做出任何干涉这种自主权的事情。他们在权力分配的多中心、多元化的系统中，扮演一种职业团体的代表的角色。

在美国，大学评议会、教职工大会这类机构没有多少重要性。校长是董事会任命的，虽然教工的代表和顾问在决定谁被任命时发挥了重要的作用；院长也属于行政人员，是不经选举的学院领导。美国的

---

① Busch, Alexander, *op. cit.*, pp. 70-71.

教授并不是大学法人团体的法定成员。他们从最开始起就是专业人士，受雇于某个组织，提供某种宽松规定的服务。他们对组织的忠诚常常会变得格外全面和深入，但也往往受到经济和职业考量的限制。他们已经（特别是1945年以来）视为正当的是，坚持要求他们所服务的大学为其施展科学才能提供最好的条件，并给予自由和支持，使其在大学之外寻求到经费，从而为自己创造这些条件。

在美国，所谓的学术自由，并不是指高级教师们作为一个法人实体，从总体上指导大学事务的自主自治权。相反，它是科学家们自由的保障，使其免于受到行政机构（表现为一个外行的委员会）对其研究方向和表达观点的干预，也防止源自大学外部而通过外行委员会或机构行政人员传递的干预。①

美国大学的制度史，就是知识和学术事务方面权力的转移史，从学校董事会和校长那里转移到系及其个体成员那里。这一运动，157 加上一些强势校长的魄力，成为美国大学无与伦比的适应能力和创新能力的来源，也开创了美国科学研究的社会结构。

8. 该体系的其他一些成果

科学家角色在美国大学的出现，与美国科学家的流动性密切相关，反过来这也是美国大学对研究和培养方面的新机遇具有适应性的最重要因素。德国的体系中也曾经（至今仍然）具有较强的流动性。但德国的流动性受到学术职业结构和大学等级的严格局限。人们从

① 见 R. Hofstadter, and Walter P. Metzger, *The Development of Academic Freedom in the United State* (New York: Columbia University Press, 1955), pp. 396-412, 关于学术自由的美国特有概念的形成。

一个地方换到另一个地方，或者为了获得更高的职位，或者为了到一所更为著名的大学（通常意味着更好的设施和更具吸引力的学术环境）。[①] 在美国，除以上考虑之外，还有大量的人员流动，其促成因素是他们在职业特定阶段对自身学术目标的评估，以及对收入的期待。科学家可以从某个一流大学的较高职位上前往一所声望较低的大学，以主持一个研究所或一个系，或得到更好的设施和工作条件。最著名大学的退休人员到一个小学院执教，也不认为是纡尊降贵。基于同样的考虑，专业学者甚至可以完全脱离学术系统。与此相联系的是，尽管科学家非常喜欢在大学的氛围中工作，但他们更多地认同于学科而不是大学。[②] 在每个领域都存在一个科学家和学者的专业共同体（professional community），美国比其他国家更看重一个科学家在该共同体中的地位。

专业共同体重要性的一个具体表现为，专业性科学协会在美国比在欧洲大陆拥有相对更高的重要性。它们在学术出版方面发挥更大的作用，它们的定期会议更为隆重，在它们的活动中，科学性和专业性的结合比欧洲更为紧密（英国的情况与美国较为接近）。[③]

只有在美国，人们普遍较早地认识到，创造性的研究成果和研究的组织之间没有必然的冲突。由于不存在对有组织的科学研究的 158 偏见，以及通过规范化带来的效力，不难设计出越来越复杂和精密

① Zloczower, *op. cit.*, pp. 29-38.

② William Kornhauser, *Scientists in Industry: Confict and Accommodation* (Berkeley: University of California Press, 1962), pp. 71 ff., Simon Maroson, *The Scientist in Industry* (New York: Harper & Row, 1961), pp. 52-57; and William Kornhauser, "Strains and Accommodations in Industrial Research Organizations in the United States", *Minerva* (Autumn 1962), I:30-42.

③ 关于杂志的评述是基于芝加哥大学图书馆中物理学杂志的计数，以及来自其他领域专家的信息。值得注意的是，贝克尔在德国的一次不成功的改革努力，其主要思想之一就是加强专业科学社团对高等教育和科学政策的影响力，见 Erich Wende, *C. H. Becker, Mensch und Politiker* (Stuttgart: Deutsche Verlagsanstalt, 1959), pp. 110-113。

的科学研究组织类型。因此，美国大学的系、研究所和实验室很快就在复杂性和规模上超过了欧洲同类机构。到 20 世纪 30 年代或甚至更早，差距的扩大使得欧洲科学家在某些领域已经不再能够与美国同行进行有效的竞争了。[①]

9. 工业和政府资助的研究

科学倡导者和管理者的兴起，科学研究的职业化，以及不同类型研究在配备人员、设施和经费方面出现了标准化程序，使得科学研究成为一种可以转移的活动。管理者们可以从大学的行政机构转移到大的工业实验室或政府研究实验室的行政机构中，并组建与大学里面类似的研究单位。研究工作在任何这些环境中都能顺利开展，无须明显地改变研究者的职业身份，也无须放弃他们的期望或标准。

当然，在这些带有非科学目标的组织中，科学研究的实践可能会遇到冲突。研究者们不再追求智力上有望的领先，而是可能被要求解决一些科学价值较少的问题。而且，他与其他地方工作的同事之间的交流与合作自由可能要受到限制，以保证工业或军事机密的安全。

对于这些问题，大学中产生的各种意见无法提供现成的答案，但它们为一种实用主义的解决方法奠定了基础。首先，它们有助于形成一种工业界和政府能部分共享的文化，明确哪些是对科学家的正当期待。通过这种方式，大学科学的文化有助于在非学术的机构中，

---

① 关于物理学实验室以及物理学研究其他设置的优越性，见 Weiner, *op. cit.*。关于医学研究，见 Flexner, *Medical Education*, pp. 221-226。

为那些大学培养的科学家创造一个适宜的环境。

结果，工业界的科学研究获得了很大的自主权和宽松的时段，来表现它的创造性。工业界的研究工作者不能仅仅被当作普通雇员，随意地分配各种解决故障的工作。在这些有利的环境中，兴起了一类研究工作者，他们不断地全力从事产品的开发。这类角色也许最早出现在大学之外的爱迪生（Thomas A. Edison）实验室，那里是自学成才的发明家们工作的地方。这一角色逐渐地改由训练有素的科学家和工程师来担任，其所作所为越来越融入职业科学家的活动范畴。[①] 159

随着研究活动的扩张突破了大学的限制，政府和工业界对培训和研究的支持模式也多种多样，它们自身并不直接参与这些活动，因为它们没有资质。最常见的模式是对培训和研究的拨款、合同和捐赠。这样做的好处是：（1）它们只给予那些已证明能胜任的个人或组织；（2）给予接受者充分的自由去设计自己的方案，有时候如果他们发现该方案不是最有成效的，甚至可以改变原来的计划；（3）鼓励经常重新评估、批评、方案比较和政策变更，而不必废除或急剧改变整个组织。

存在职业的研究工作者和研究组织的标准化程序，是研究活动能够扩散并富有灵活性的必要前提条件。以大学为一方，政府、商业、农业以及一般团体为另一方，双方的密切关系是由专长学术和科学事务的管理者们（大学校长、基金会官员、政府研究主管等）倡导并经营的。大学中的专家、拥有首创传统的科学管理机构，以及大量的专门技能，这些因素的出现，是近来美国科学增长不可或缺的条件。

---

① 除了少数几个大型工业研究实验室外，欧洲工业界几乎没有开展过这类研究。关于一般意义上的研究总投入的差别，以及专门意义上的科学工作发展的差别，见表 8-1。

10. 美国和西欧科学组织的一个比较

在西欧，19 世纪中期以后科学出现的新功能，被嫁接到形成于 19 世纪上半叶的国家高等教育体系。在国家体系中，大学（在法国还包括一些大学校）是纯粹科学研究的中心。从 19 世纪最后十年起，政府资助的研究组织和实验室不断以特别的方式建立起来，大学则从这些预算中获得了更多的支持。在远离大学专门建立的研究机构中，研究目标是解决实际问题，或更一般地来说研究主要集中在实际应用可能性较大的领域。这些机构通常由政府资助，直接对政府负责，但在少数情况下一些机构由工业界资助。最后，开发工作由工业界完成，但只有少数几例是有效和系统的。因此为了弥补这一缺陷，西欧各国政府从“一战”以来，特别是从“二战”以来，也 160 开始介入这一领域，或者创办政府所有的应用型研究所，或鼓励一些行业协会以直接或间接补贴的形式创办并运行这些研究机构。[①]

在美国，趋势是从高等教育的专门机构转向大学，后者负担着种类越来越多的职能。那里也有类似的发展过程，从相对较小规模的专门研究机构发展为大规模的多重目标（综合性）的研究机构。工业界和政府的研究机构都是如此发展起来的。但绝不是说这种发展是可以事先预见或计划的。这是一套多元化竞争性系统经过反复试验的结果。然而，就研究而言，大型综合性研究机构的优越性似乎已经得到了彰显，其假说是，科学研究是合作的事业，大型综合性机构里面思想和技巧可以被不受限制地共享，激励资源也能更为

---

① OECD, *Reviews of National Science Policy: France* (Paris : OECD, 1966), pp. 41-43; *United Kingdom, Germany* (Paris : OECD, 1967), pp. 60-66.

多样化，从而比较小且孤立的机构要优越。在一所大型的大学中，总是不断会有一些创新的领域和一些更新换代的变革，从而能够保持激励。但是，在一个小型的、专门性的、孤立的研究机构中，氛围会很容易地变得极为同质化。欧洲的经验支持这一观点。科学上最活跃的地方都是首都，如伦敦、巴黎，一度还包括柏林和维也纳，在那里许多相对较小的研究机构凭借空间上的邻近，获得了其他地方只有大型组织机构才能形成的氛围。①

大型的、综合性的研究机构在应用研究或“任务导向”型研究领域具有特殊的重要性。这类研究，其目标不是源自科学研究的常规内在过程，多数情况下是跨学科的。不仅是任务的需要，管理人员不太看重学科的界限也有利于这些研究。小型、专门性的研究机构更容易抵制这些综合性的项目。在那里所长和高级职员拥有同样的学科背景，他们不愿意在自身学科传统框架所能提出的问题之外寻找新的问题。而在一个大型的、更为多样性的组织中，主管不大可能只专注于某个特定学科。那些重视结果而非特定学科的管理人员能够极大地促进这一过程，引进新型人才，承担新的课题。在一些小型的专门性研究机构中，这类变革将会造成危机。若干人员在这一过程中也许要丧失权威甚至丢掉工作。因此一些决策被束之高阁。

161

由于基础工作和应用工作的边界在不断地变换，今天看来充满希望的领域建立起专门的研究机构后，资源就可能会被固化，从而在未来某一天其他领域变得更具吸引力时难有作为。在这点上，综合性研究机构也比专门机构更为高效。

美国的学术和研究机构之所以能够繁荣发展，是因为它们善于从经验中学习。它们也必须从经验中学习，因为仅仅是存在下去并

① Joseph Ben-David, *Fundamental Research and the Universities* (Paris: OECD,1968), pp. 67-75.

不能保证它们获得出众的地位。它们必须通过成绩来为自己挣得名声，同时它们还要竞争经费和人才。在这场竞争中，不受结果和个别人士的声望制约的管理人员功不可没，他们着眼于整个机构，使得他们以更为开放的态度接受经验教训。

在很大程度上，欧洲一直都缺乏这种创新功能。真正自我治理的大学法人机构很少能够发挥太多能动性，因为它们倾向于代表成员们的既得利益。实际上，他们的许多举措总是旨在阻挠变革和创新。

因此，科学政策的制定就通常交由政府来完成。结果，政策的制定远远脱离政策的执行，而且既然它是为整个体系制定的，除了与其他国家进行比较外，人们很难有机会评估它们的成败。因此看似矛盾的是，大学和科学研究体系的国有化，本来以为能够带来高等教育和研究更具客观性、更好地协作规划，实际上却削弱了这些体系从经验中学习的能力。这种情况的出现，是由于中央集权的系统从体制上缺乏反馈机制（这种反馈机制可以在大学和研究所能够自由地创新和相互竞争的情况下实现）。而且，在这些系统中没有为主管人员和创业者的角色留出余地，他们将专门处理学术和研究事务，既不会脱离大学的日常活动太远，也不会太过全身心投入。

11. 体系的平衡

以高等教育和研究为一方面，以经济为另一方面，它们之间关系的转变，是美国体系最显著的成果。这种积极进取的大学体系，在一个多元化的教育和经济系统中运行，已经创造出对知识和科学研究前所未有的广泛需求，并将科学变成了一种重要的经济资源。

我们迄今尚未正视的一个具有决定性意义的问题是，这一体系是否也鼓励纯粹的科学创造性。毕竟即使最有效的科学传播和应用，在科学上也不必然是创造性的。新知识的创造，是由极少数有兴趣创造且又有能力创造的人完成的。许多人相信，将科学研究的实践转变为一种专门职业，可能会抑制科学家自由地沿着好奇心和想象力为他们开辟的道路前进。 162

而实际上，科学的广泛应用已经为纯科学研究奠定了一个非常宽阔的基础，纯科学研究的目标是增加知识，而不必考虑其潜在的用途。从不同国家科研支出的统计比较中，可以看到科学的实际应用是如何支持纯科学的。对各类研究的支持，无论是按人均还是按国民生产总值的占比看，美国都要比欧洲更高。基础研究方面的支出占国家全部研究支出的比例，美国比欧洲小一些，但美国基础研究支出的绝对总量要大大超过西欧的其他国家，人均值也是如此（见表 8–1）。该表展示，创业型的应用科学将研究和培养拓展到了新的而且经常相对有风险的领域，却最终没有像欧洲恐惧的那样，减少了基础研究相对社会总体资源的份额，而是份额有所增长。

此外，应用研究的广泛培育没有像起初担忧的那样对科学自主性造成损害。当我们所讨论的变革发动时，流行于美国的公众舆论也是那种毫不犹豫地根据短期用处的标准来评判科学研究，即使如此，它也没有通过中央权力或某个支持部门来向科学共同体施压。更确切地说，创建新型研究机构的任务留给了学术和研究的管理人员和政策制定者，包括大学校长、基金会的负责人和顾问、私人实业家，以及一些政府部门的领导等。他们中的一些人真诚地相信纯科学的价值，另一些人也许是功利主义者，只相信科学在其他方面的应用价值。但他们都必须面对两个非常现实的任务：一是通过研究来获得收益，二是为科学研究和高等教育筹集资金。只有当他们主办或推进的研究工作达到非常高的水平，并且必须为此选聘并留

表 8-1 美国与西欧在研究和开发方面的国民总支出（gross national expenditure）及其占国家资源的比例，并按执行部门和研究类型进行分析

	绝对总值（百万美元）	人均值（美元）	国民生产总值占比（%）	执行部门占比（%）				研究类型占比（%）		
				企业机构	政府	其他非营利组织	高等教育	基础研究	应用研究	开发研究
美国 1963—1964	21075	110.5	3.4	67	18	3	12	12.4	22.1	65.5
法国 1963	1299	27.1	1.6	51	38	—	11	17.3	33.9	48.8
德国 1964	1436	24.6	1.4	66	3	11	20	—	—	—
意大利 1963	291	5.7	0.6	63	23	—	14	18.6	39.9	41.5
英国 1964—1965	2160	39.8	2.3	67	25	1	7	12.5	26.1	61.4
奥地利 1963	23	3.2	0.3	64	9	1	26	22.6	31.9	45.5
比利时 1963	137	14.7	1.0	69	10	1	20	20.9	41.2	37.9
荷兰 1964	330	27.2	1.9	56	3	21	20	27.1	36.4	36.5
挪威 1963	42	11.5	0.7	52	21	2	25	22.2	34.6	43.2
瑞典 1964	257	33.5	1.5	67	15	—	18	—	—	—

本表根据经济合作与发展组织（OECD）编《OECD 成员国的研究与开发投入的总体水平》编制（Paris: OECD, 1967. pp. 14, 57, 59）

住一些优秀科学家之后，他们才能完成这两个任务。如果他们失败了，金钱和名望上的代价将十分高昂。他们绝不能满足已有的荣誉，否则他们就会在工业和学术界的竞争中陷入衰退的境地。

人们认识到，将科学应用于非科学的目的，最好的方式不是让科学研究或教学受制于非科学的标准，而是帮助科学按其自身固有的路线发展，然后再从科研成果中寻找可能的用途，如生产方面的用途、教育以及提升生活质量方面的用途。以科学为一方，工业界和政府为另一方，双方关系的建立，并非实业家和公务员指导科学家怎么做。不如说，在专业科学家和潜在的科学使用者（各行业、工业界及政府）之间存在一个恒定而又微妙的供求关系，科学家对自己要做什么和能做什么有着清楚的想法。这种对双方有利的交换关系是由学术和研究的主办者建立并保持活力的，他们充当了对话双方的组织者和翻译员。 163

经济发展已经受益于科学，但这些收益的一个足够大的部分又被投入科学研究，以确保系统组织的纯科学在越来越多的领域发展。19 世纪中期左右开始出现于德国的科学工作者小组，通常由某位伟大创新家的学生们组成，齐心协力地构建一套连贯的思想，直到挖掘出该思想的所有潜力，这种做法在美国已成为科学事务的正常状态。因为在美国有稳固的经济基础（这点在欧洲从未建立），上述活动现在可以有计划地开展，领域范围也在不断地拓宽。科学的增长，就可以衡量的人员数量、资源投入以及出版物而言，已经在加速中，美国引领着科学的发展并对其他国家造成压力，而其他国家已经发现越来越难以跟上其步伐。这就是体系平衡的积极一面。 164

12. 体系面临的威胁

然而，也有一些消极的方面。其中之一，就是科学和学术创造性的内部结构和传统，与经济和政治力量的需求之间的脆弱平衡。这种平衡在美国比其他地方更为脆弱，因为科学和高等教育的多元化企业型结构，以及耗费巨资的体系，要求大学更为深入地卷入社会事务。这就是为了获得对科学和学术的更大支持而付出的代价。

在20世纪40年代以前,大学主要以两种典型形式参与社会事务。大学和学院有时受到逼迫或鼓动，按职业设置一些实际上没有真正或可预期的科学内容的学位课程，以及授权一些没有多少知识含量的进修。一种与此类似但更为正当的外部影响力使得大学在职业培训方面大幅扩张，这些领域尽管具备真正的科学或学术的内容，但仅仅是潜在的和不成熟的。赠地学院在农业和工程教育方面的早期做法，教育、商业、社会福利以及其他几个领域建立的学院，都属于这一范畴。

从美国目前的优势地位来判断，这些企图并没有对体系造成深远的伤害。那些富有创造力和献身精神的学术方面的科学家、学者和管理人员群体，把它们或者看作应被遏制的祸害，或者看作对他们的一种鞭策，以向这些新领域拓展严肃的学习和研究。结果，一些最离经叛道的企图或者被消除，或者被遏制，从而没有从总体上严重地削弱体系的质量，专业院校则想方设法提升它们课程的知识含量，并不懈地努力克服这个问题。

再次强调的是，职业的大学管理人员在抵消这种“服务功能”的不良后果中，发挥了重要的作用。设置这些知识上成问题的课程，165 压力是施加于大学的行政部门上面（某些情况下也是他们引起的）。文理院系的科学家和学者们通常很少有动机或机会参与这些实际的事务。他们一般把这种参与看作对科学和学术的威胁。在这种情况下，大学校长必须在外部环境的需求和学术共同体的需求之间扮演调解者的角色——前者吸引大学更多地参与社群服务，而后者则要求最大可能的自由以聚精会神地从事纯科学和学术研究。如果我们不考虑那些服务于特定地方、宗教或族群的小型学院，最大的外部压力可能来自于愚昧的州政府。这些州政府通过控制财政支持而拥有权力，强迫州立大学履行各种非学术的服务。一般而言，私立大学的董事会也有类似的权力，但实际上在一些最重要的私立大学中，至少在董事的职责之内，他们更倾向于学术的立场而不是非学术的立场。其他一些团体，如专业协会和志愿者协会，只能通过给予支持的方式尽量影响大学，以换取专业学院的创办并提供类似的服务。

结果，成为体系中心[①]的顶尖私立大学，只须抗争相对有限的让他们在标准问题上妥协的压力。它们凭借其学者和科学家的名气，凭借机构的声望（并不总是专指学术方面）而支撑下来。尽管美国有遵从平均主义的系统，但学术上的卓越成就，经济上的相对独立，以及忠诚尽责的董事，成功地守护了学术活动的自主性。

第二次世界大战以来，局面发生了变化。温伯格称之为“填鸭式”的科学增长大大加快。[②]这一进程发端更早，可能在各专业设立研究生院的时候就已开始。但“二战”以来这些发展绝大部分要归因于中央政府对科学的支持快速增长。联邦政府的支出在全部研发费用中的份额，从1940年的不到四分之一增长到1965年的超过三分之二。[③]因此在美国出现了在19世纪70年代的德国发生过的类似事情。随着一场胜利的战争，兴起了一套新的研究体系，政府在研究方面于是承担起更多的责任。 166

① 这里使用“中心”一词，指的是系统中发挥典范作用的某个组成部分。见Edward Shils, “Centre and Periphery”, in *The Logic of Personal Knowledge: Essays Presented to Michael Polanyi* (London: Routledgc & Kegan Paul, 1961), pp. 116-130; and “Observations on the American University”, *Universities Quarterly* (March 1963), XVII:182-193。

② Alvin M. Weinberg, *Reflections on Big Science* (Cambridge, Mass.: The MIT Press, 1967), p. 106.

③ OECD, *Reviews of National Science Policy, United States* (Paris: OECD, 1968), pp. 30,33, Tables 1 and 3.

美国大学系统面对扩张机遇的反应，与德国的反应有很大不同。各个大学充分地利用机遇，拨款与合同资金的分配，也维护了这一体系的分散化和竞争性特点。因此，美国的大学没有把阵地丢给其他类型的机构，如理工学院及其他专业型高等教育机构，相反却越来越多地把后者吸纳到自身结构中。大学还增加了政府研究支出所占的比重[①]，这一点与德国中央政府开始支持研究工作后产生的效果再次形成了对比。

但也有一些危机显露出来，这或许可以归因于一种膨胀的状态——科学体系在中央支出的刺激下，试图做一些学术上不能胜任的事情。其表现之一就是，科学研究的增长幅度，无论是从对知识，还是从对经济或其他专门社会目标的贡献看，都已经引起了对其效用的严重质疑。[②]

就科学本身而言，这可能只是一个有限的浪费问题，是能够被纠正的。但看来这种膨胀的状态引发了更多的问题，从而使得局面的纠正变得困难。其中最尖锐的问题是新型的学生问题。美国体系与众不同的特征之一，从来都是毕业生（特别是只拥有学士学位的毕业生）愿意进入各种各样的职业。这就避免了出现一帮大学毕业生，或者因为他们所受训练的专门性，或者出于他们社会抱负的水平和内容，只愿意从事少数声望好和收益高的职业。一大批“失业的知识分子”的最终出现，与20世纪前30多年欧洲知识分子政治观点的异化和激进化有很大关系。而这种现象在美国基本上见不到。

但这种局面可能不会持续太久。研究生教育的急剧增长，在某些领域，没有特殊的需求，胜任的标准也不十分明确，就会造成受

---

① *Op. cit.*, and pp. 33, 191, Tables 3 and 36.

② Weinberg, *op. cit.*, pp. 156-160; and Harold Orlands (edl), *Science Policy and the University* (Washington, D.C.: The Brooking Institution, 1968), pp. 123-164.

过高等教育的人才过量供应的问题，不管怎样，相当一批大学生和研究生中间形成了一种感觉，他们没有融入社会。这也许就是当前美国大学生异化和激进化的部分背景（另外还有越南战争和城市问题）。

由于外部局势和大学内部结构的进一步变化，这样发展的后果还很难评估。美国社会中大学的情况已经发生了变化，部分的是因为现在大学里面几乎囊括所有 18—25 岁的年轻人，他们对公共事务很敏感并可能参与其中。虽然他们被分散在数以百计的校园中，但通信和交通手段大大缩短了他们之间的有效距离。因此，美国大学生群体成为一支潜在的非常巨大的政治力量，类似于欧洲和拉丁美洲的学生过去那样。在那些国家，政治和知识生活极度地集中于首都或其他一两个可能的大城市。结果，来自全国各地的学生聚集到那里，使其人数在少数城市的比例高于占总人口的比例，从而在政治激进主义中担负起重要的分量。因此，大学成为政治激进主义最适宜的中心之一。出于此处解释的原因，今天美国也面临同样的局面，尽管美国的政治和经济生活要远为分散得多。 167

这点是否会导致大学的政治化以及学术活动的衰落，要取决于大学是否有能力在其成员中恢复一种巩固的以科学为目标的观念，以及重建大学的研究与培养功能，同社会需求之间的平衡。然而，甚至大学的再生能力都可能受到了膨胀局面的影响。美国大学作为一种组织，其主要长处过去一直在于高效的领导阶层。最近的一些进展已经严重地侵蚀了大学校长的权威和职责。巨额的资金直接给予教授们，消解了校长作为大学研究工作促进者和保卫者的功能。这就削弱了员工对行政机构的忠诚。当他们实现研究工作中最具价值的进展时，也不再和校长一起庆祝。而且，免除了大学最重要的中心指导的功能，可能在更广泛的意义上损害了共同的目标观念，同样也损害了教师、学生和管理人员等将大学看作一个整体的能力。[1]

很难预言这种充满变动的局面会有怎样的最终结局。这个体系可能重新获得力量，或变为政治化的牺牲品。它目前的危机已经扩散到其他许多国家，但不是所有国家，而且也不可能预言这是否意味着发端于17世纪的科学文化开始出现了全球性危机，或仅仅是一次科学活动中心的再转移。这里无意洞察未来，但在下一章将有所尝试，识别那些造成目前局面的决定性变量及其相互关系。

168

① Weinberg, *op. cit.*, pp. 101-111, 323-330.

第九章

结　论

1. 科学活动的社会条件

本书的中心议题是："科学活动是如何增长并呈现当前结构的？"前面章节已经对这种增长的几个主要阶段做了考察，我们现在的研究将尝试总结一些支配整个发展进程的普遍结论。

科学活动在不同时间、不同地点的差异，可用两种类型的条件来解释：一类条件是不同人群之间总体社会价值观和兴趣的汇集不断变化，它引导着人们的动机，以不同的程度支持、信奉或从事科学；另一类条件是科学工作的组织，在进行研究成果的营销并鼓励研究中的创新精神和效率时，其效果会有差异。尽管第一类条件在最广泛意义上也与社会体制有联系，但当某个国家的科学工作成为相对自主的社会子系统时，第二类条件就会变得重要起来。科学工作成为相对自主的社会子系统，意味着人们能够以科学家的身份工作谋生，能够选择科学作为职业（至少是其职业的重要部分），或者社会需要科学家或受过科学训练的人提供服务，而这些人被经常性地受雇于不同场合，并作为一个团体参与所在社会的政治和思想169进程。还有第三个层面的条件，探讨个别研究机构的结构，或科学共同体各个方面的生活，如不同领域、不同团体的社会结构之类。在本书中，对第三个层面的探讨仅限于它关乎理解社会中科学地位的范围，因此在本章中不予涉及。

根据第一类条件，可以解释科学开启持续的加速增长。15—17世纪的欧洲许多地方，经济与社会地位改善的人们组建起有影响力的团体，在变动、多元、着眼未来的社会，他们寻求一种能够与其利益相一致的认知结构。经验性的自然科学（其概念发展完全独立于这些社会环境）提供了这样一种可检验有效性的认知结构。尽管不能为解释社会生活而提供任何诸如逻辑上和经验上令人满意的模型，它的不断进步还是令人们充满信心，相信科学方法总有一天也能为理解人与社会提供线索。

这种汇集促成了科学家角色的出现并被认可（见第四章）。科学家研究的是自然，而不是上帝和人的行为方式。他使用的智力工具是数学、测量和实验，而不是依赖对权威经典的诠释，或思辨与灵感。他认为他那个时代的知识在未来会不断改进，而不是要适应过去黄金时代的标准。这一新的科学家角色获得了社会的承认和接受，与传统的哲学家、神学家或文学家同样尊贵，且在实用性方面还要略胜一筹。

科学家的角色一旦确立，科学就有可能成为社会中一个相对独立的子系统。但直到19世纪中期，不同国家之间科学增长的差异，总体上仍然主要取决于社会价值观和兴趣的汇集，而非科学工作的早期组织。

独立的科学子系统初露端倪于18世纪（见第五章）。专制君主们乐于支持科学，因为科学能带来技术上和经济上的应用，却不希望把科学的程序——根据结果判定事物——也应用到政治、宗教甚至经济事务中。他们也不希望将普遍主义的标准扩展到一般的社会和文化事务中。自然科学家开始成为一个职业的共同体，利用方方面面提供的机遇，并使其有助于科学的探究以及他们的个人利益。

1840年前后，科学组织成为科学活动的一个重要的决定因素（见第七章）。从此以后，随着科学新用途的发现，科学活动猛增，导致科学家角色的定义发生改变，研究机构和组织出现创新。在历次组织变革的案例中，都有一个国家发挥创新的中心和榜样作用，新的角色和组织形式从那里传播到其他国家。 170

因此，法国出现了政府资助的科学院，并聘用科学家担任各种教育和咨询职务。德国出现了教学与研究相结合的教授角色和研究实验室（研究所）。而美国（部分地在英国）出现了受过正规训练的职业研究者——哲学博士，大学中将研究和培养结合在一起的系，以及聘任多位不同学科背景的高级研究员的更为复杂类型的研究所。在每个转折点，科学活动的中心都向发生创新的国家转移，科学的应用和组织的创新最终会扩散到其他国家，提升各地科学活动的整体水平。科学活动的频度决定着开发科学内在潜力的快慢，而科学活动的频度则取决于一系列科学应用与组织方面的社会创新，这些创新发生在不同国家，并随即作为最佳可行模式被全世界的科学共同体采用。科学共同体的选择，体现在从事高等研究的科学家在某些国家聚集，以及某些国家的体制被别国借鉴的趋势。这并不是说先进模式能被到处复制，当然也取决于更为广阔的社会条件（见第六、七章）。

2. 组织变迁和扩散的机制

建立了科学增长的一般演化模式之后，我们的研究必须阐明，选择某类角色和组织的机制是什么。在由研究人员、学生和文化成果组成的分散性共同市场中，这种机制像是强力研究单元之间的竞争。

不言而喻，分权体系比集权体系更有利于新型角色和组织的产生和筛选。如同日新月异的科学前景，最适宜研究的工作组织也是在不断变化的。因此在其他条件都相同的情况下，一个较为分权的体系可能比集权的体系产生更为多样性的思想和实验。由于存在多种难以预料的从事和应用科学的方法，与少数精英集中决策相比，由相互竞争者开展的更为多样性的实验，可能产生对科学更广泛的需求，以及随之而来的更多投入。分权和竞争还提供了一种内置的反馈机制，以区分哪些有效可行，哪些不尽如人意。集权的体系则必须创建人为的自我评价机制，但一直不是太成功。①

171

与具体科学发现的扩散相比，科学家角色和组织的创新的扩散是一个较为迟缓的进程。一些像苏格兰或瑞士等较小的国家和地区的科学组织的创新，就几乎没有对其他国家和地区产生直接影响。在18世纪某些时段苏格兰的大学也许是世界上最好的，但它们没有被任何国家效仿，也许美国效仿了一些，因为那时美国还是英国的一个有点落后的文化知识上的附庸。

---

① 苏联在科学研究方面的集中计划和指导，通常被20世纪30年代的许多科学家视为理想的试验，见 J. D. Bernal, *The Social Function of Science* (London: Routledge & Kegan Paul, 1939), pp. 221-237。支持这种类型科学政策的主要论据，是它避免了浪费，并能配合经济发展。直到那个时候，苏联相对不多的科学成就可以被解释为苏联社会普遍落后的结果。而现在，经过更长的经验和更多的资源投入之后，这种集权的体制似乎并未产生出能和分权体制相媲美的结果，见 Peter L. Kapitza, "Problems of Soviet Scientific Policy", *Minerva* (Spring 1966), IV: 391-397。这种集权体制甚至没有创建出一套比分权体制下更好地评测科学产出的方式（这是集中指导的必要条件），见 E. Zaleski, J. P. Kozlowski, H. Wienert, R. W. Davis, M. J. Berry, R. Amann, *Science Policy in the U.S.S.R.* (Paris: OECD, 1969), pp. 37-47, 263-282, 457-486; 以及 R. W. Davies and R. Amann, "Science Policy in the U.S.S.R.", *Scientific American* (June 1969), 220:19-29。这种情况也适用于同样集权的法国体制。

小国相对世界范围科学的组织来说影响较小，是由于它们的研究机构缺乏有效的国际竞争力。而且教师、学生和资源很难跨国流动，小语种也难以广泛传播。因此组织与角色模式发生国际扩散，并非各类机构之间平等竞争的结果，而是通过效仿大国的创新而成。因此大国比小国更容易成为科学的中心，而一旦成为中心，大国即获得科学上的垄断地位。19 世纪早期的法国，以及随后的德国和美国，垄断了学术深造和科学评价。就德国和美国而言，它们还在出版领域占据垄断地位（见附录）。结果，全世界的科学家都将这些国家作为精神家园和中心。他们采用中心流行的工作方式，因为他们多数是在中心获得了学术深造，而且中心进行深造、评价和分级的一些惯例，已成为全世界科学共同体的标准做法。当科学的组织（例如人力和资源）仍存在国别的条件下，科学的国际性将各地的科学家结合起来，以某个国家为中心形成科学共同体，从而产生垄断优势。正如德国的例子所示，即使现有中心模式的作用已发挥殆尽，这些 172 优势也可能会阻碍中心的向外转移。

3. 对研究的资助

第一章已指出，“二战”前很少有人讨论哪个国家应该在科学上投多少钱的问题，因为研究相关经费总量较小，无关大局。[①] 但到“二战”后，研发投入占国民生产总值和总人力资源的份额剧增，如何

① 讨论过该问题的少数几个人之一是贝尔纳，见前面所引。

确定这种增长的限度，成为人们面临的问题。[①]

20世纪以来，各国都在一些被认为有重要实用价值的领域，如卫生、农业、地质等，建立了集中资助的专门研究机构。而且，越来越多的工业部门也发现建立各类不同规模实验室的好处。而在另一个极端，多数国家都有几个从事基础研究的科学院或其他机构，尽管很多国家的这类机构里面，基础研究的总量几乎可以忽略不计。

但是，不同国家之间在以下两方面仍存在着巨大的差别：(1)资助的集中程度、科学培训和研究方向的集中程度；(2)教学和研究功能的结合程度，即由同机构的同一批人来实施，还是由不同机构不同的人来实施。虽然集中与分散包含多方面内容，但以资助和方向的集中程度和功能的结合程度两个指标来排列现今几个主要科学大国，或许不至于太武断（见表9–1）。

表9–1 按资助的集中程度以及教学科研功能的结合程度排列的主要科学大国

		功能的结合程度（从低到高）			
		1	2	3	4
资助和方向的集中程度（从高到低）	1	法国			
	2	苏联			
	3		英国		
	4			德国	
	5				美国

① 关于美国科研开支的增长，见 OECD, *Reviews of National Science Policy, United States* (Paris: OECD, 1968), p. 30, Table 1。全部研究和开发费用，1929年占国民生产总值的0.2%，1940年占0.3%，1941年占0.7%，1946—1952年占1.0%左右，1956年占2.0%，1964年占3.0%。当时缺乏但正在寻找一个合适的标准，以决定支持科学研究的最佳水平，见 Harold Orland (ed.), *Science Policy and the University* (Washington, D.C.: The Brookings Institution, 1968), pp. 123-188; Zaleski *et al.*, *op. cit.*, p. 45; and Alvin M. Weinberg, "Criteria for Scientific Choice" and "Criteria for Scientific Choice II: The Two Cultures", *Reflections on Big Science* (Cambridge, Mass.: M.I.T. Press, 1967), pp. 65-100。

1840 年以来，随着科学的组织和用途发生根本改变，科学成就的两次高潮分别出现在德国和美国，这两个大国都有着高度分散的科学系统，以及研究与高等教育的紧密结合。或许二者功能的结合 173 与组织的分散性不无联系。高等教育为科学用途的扩张提供了最明显而且似乎是数量最多的机会。因此在充满科学的进取心和事业心的分散性系统中，教学与研究的边界可能会不断地发生改变。由于越来越多学科的讲授将研究和高等教育连接起来，高等教育为研究开创的机会极有可能会得到利用，反之亦然。

另一方面，那些科学政策集权导向的国家则试图评估对科学的需求，并据此分配资金。这种评估意味着要尽可能多地划分科学的不同功能，从而出现一种按不同功能分别进行组织和支持的倾向。

如果这种政策的执行者是政府支持下的聪明能干的人，通过借鉴别国的经验，会非常成功地为一流的纯科学研究创造条件。那些某个领域的专家通晓其他地方的事情，能够英明地决断哪些经验值得模仿，哪些则需抛弃，并且可能提出一些改进性的良策。

然而，涉及科学的应用，这些专家就会处于非常弱势的地位。外国的经验也能在应用方面有所帮助，但程度有限，不及纯科学研究的情况，后者的目标总是一致的。物理学家对原子结构的兴趣，遗传学家对植物进化的疑问，这些无论是在英国还是日本都没什么区别。但如果问题是诸如何种物理学或遗传学的研究在各自国家会产生经济效益，何种类型和数量的前沿物理学或遗传学应该分别被各国用于培训各种专家，那么就很难援引别国的经验。 174

过去 100 多年英国的科学研究政策即是一个很好的例子。自 17 世纪以来英国即拥有已确立的科学精英群体，保持着良好的政治和社会关系，因此比其他国家率先意识到设计一套官方科学政策的必要性。[①] 前文所见，真正推动这一政策主体的是围绕制订过程的争论，以及在最终成立的英国科学研究理事会中赋予应用领域的优先地位。[②] 尽管如此，这些政策主要还是在基础领域取得成功。而英国在应用科学和实验开发方面的成绩乏善可陈（当然也不像风传的所谓英国在这些领域失败了）。但在基础科学方面，通过统计发表量、诺贝尔奖数量以及其他任何指标，都可以显示英国取得了非凡的成功。历经自 18 世纪以来发生的科学在内容和组织上的各种变化，英国始终保持第二科学大国的地位。若按整个历史时期进行统计，英国的成就也许能超过任何其他国家。

对这些结果的解释是：英国政府的科学顾问可能并不弱于其他国家，而且就纯科学而言，他们对国外的经验教训有着杰出的评价能力。但应用导向的研究需要进行经济上的抉择，他们就难以胜任了。即使有这个能力，他们所知道的成例也往往难以借鉴。因此对于应用研究的政策，他们能做的不过是确保研究机构完成了高质量的工作。在这点上他们成功了，这些机构的的确确为科学做出了重要的贡献。但至于这些贡献是否为英国或其他经济部门带来效益，就只能听天由命了。

因此，与初衷相反，英国体制成为促进基础研究的科学政策的典范。然而，因为基础研究的花费剧增，这类难以有效促进科学的经济功用的政策，存在的前景堪忧。[③]

---

① Pfetsch, Frank, *Beitridge zur Entwicklung der Wissenschaftspolitik* (Vorläufige Fassung) (Heidelberg: Institut für Systemforschung, 1969, unpublished mimeograph), pp. 23-26.

② 关于整个 19 世纪英国科学政策的争论，见 W. H. G. Armytage, *Civic Universities* (London: Emest Benn, 1955), and D. S. L. Cardwell, *The Organization of Science in England* (London: Heinemann, 1957)。

③ Joseph Ben-David, *Fundamental Research and the Universities* (Paris: OECD, 1968), pp. 20, 55-58; C. Freeman and A. Young, *The Research and Development Effort in Western Europe, North America and the Soviet Union* (Paris: OECD, 1965), pp. 51-55, 74, Table 6, 关于经济从科学研究中获益的国际差别，提供了更多的讨论和信息。

其他集权型体制的科学政策与英国大同小异，都是基于对科学上最领先的国家的模仿。但与英国相比，这些国家的政府得到的建议通常质量较差，而政府官僚更加坚持对科学家的控制。结果导致许多应用研究机构的科学贡献和经济贡献均无建树。所有这些政策都基于一个共同的谬误，即科学的利用也能像科学的内容那样，完整地从一个国家传播到另一个国家。然而，科学的利用取决于复杂的社会机制，对其我们仍知之甚少，而且在科学的传播和模仿过程中常常未予理会。

175

仅有苏联集权设计的科学政策看上去不是基于模仿。苏联模式的主要特征，是试图将计划性研究作为一个部分纳入经济的中央计划。但如何决定科学在经济中的份额，尚无充分的标准。而且最新研究显示，研发对苏联经济增长的作用相对较小。[①] 这些事实确认了我们的印象，即事实上苏联和其他集权国家一样，也是采取模仿的政策，其程度之广大大超过其声称的政策所表露的范围。它在应用科学方面的重大成功是在不计成本的军事领域（其他国家也是优先发展该领域），以及基础研究、科学教育等。这表明，与依照经济来计划科学的初衷相反，苏联的实际政策大体上还是基于模仿国外模式。

综上所述，看起来尚无理论上可行的办法来确定科学活动在经济中所占的份额。有些国家根据综合的经济和教育政策，尝试制定资助科学的标准，实际上也是将几个领先的中心作为参考架构。但这些中心都没有集权型科学体制想要的资助标准，那不过是进行决

---

① 见第 218 页脚注①，关于经济增长的因素，也见 Raymond P. Powell, "Economic Growth in the U.S.S.R.", *Scientific American* (December 1968), 219:17-23。鲍威尔（Powell）并没有分别处理研究和开发，而是表明在过去的 38 年中苏联生产率的增长并没有超过美国。由于多数增长必须归因于技术引进，苏联本土研发的贡献势必大大小于美国。

策的分散型竞争系统不断试错的结果。因为科学是一种创造性活动，既是手段也是目的，不会出现普遍适用的标准来决定它在社会中的恰当分量。只是调节其标准的机制难免有优劣之分。

4. 国立研究体系运行中的问题

176 按照现有的解释，19 世纪早期以来世界科学中心的科学活动水平，是通过这些国家的独立科学机构之间的竞争机制来确定的。这种机制为研究和知识开创了一个更大的市场，并有利于催生和传播比集权导向的科学更为高效的科学组织。然而，如同英国案例所示，它并不必然保证科学资源的更有效利用。通过竞争机制建立的科学活动的水平和类型，从社会的角度看是否最佳，仍是问题。

系统地回答这个问题，就要简述国立研究体系的绩效评价标准。此处不准备做这样的简述。我们只须比较和解释德国在 19 世纪末、美国在 20 世纪 60 年代的科学体系运行中遭遇的困难即可（见第七、八章）。人们会问，两个案例中科学持续扩张，相当部分的科学共同体心怀不满，道德迷失，对这些现象的社会正当性和经济合理性的质疑，是否会与这些竞争性体系的运行存在结构性的联系。

详察这些危机的产生就会发现，可能并没有这样的联系。无论是德国还是美国都可以划分为两个时期。第一个是萌发时期，组织的创新将科学活动的水平提升到前所未有的高度。其发生发展实际上没有中央政府的任何干预。第二个时期发展加速，是由于德国和美国中央政府资助的刺激。正是在第二个时期，两国都出现了问题。

在两个例子中，中央政府对科学研究的刺激都发生在刚刚“一战”之后。这是科学内因与军事 – 政治外因相互掺杂而激起的结果。一方面，前一个时期累积的成功，为科学的加速进展创造了更多的机会；另一方面，科学研究具有的现实和潜在的军事与政治利益获得新的认可。科学出现了新的机会，使得在决定哪类研究应予资助、资助到什么程度时，开始变得容易。在科学游说团体的倡导下，政府简单地接管了这些在早期发展阶段出现的项目。

一旦度过了初始机遇期，政府就会发现自己陷于这样的局面：它对科学的诸多社会后果缺乏足够的知识，也没有可靠的国外模式作为参考框架，却必须制定资助科学的标准。在这种不确定的状态下，实际采取的政策只有单一的目标导向，即保持领先其他所有国家科学霸权国地位。这彻底改变了前一时期科学体系运行的条件。[①] 177

两国体系对这一新形势的反应差异很大。在德国，学术等级森严，权威当道，那里的大学反对为任何功利目标服务，面对政府新的慷慨资助，大学采取了"紧缩"的政策。教授们拒绝大学功能的任何扩张或多元化，而将加速增长的研究资金用于进一步巩固权力与地位，更加凌驾于其他研究人员之上。因此大学和科学在总体上的资源和声望快速增长的情况下，这些资源的流通遭到抑制，无法充分利用科学所处阶段的机遇，也满足不了社会对科学服务的需求。结果，竞争体系的自我再生机制遭到实质性破坏，纳粹政权兴起之前以及终结之后，德国体系在自身改革方面的无能为力即充分显露了这一点。

在美国，大学不反对把研究和科学训练当作实用目标的必要投资乃至手段，以"膨胀"应对政府的大规模支持。本案例中的这套

① 苏联人造卫星对美国科学工作的影响不言而喻。1909 年阿道尔夫 · 哈纳克（Adolf Harnack）为了在德国建立政府研究机构，使用的论据几乎都和德国的科学研究有被其他国家超过的危险有关，见 Adolf Harnack, "Zur kaiserlichen Botschaft vom 11 Oktober 1910: Begründung von Forschungsinstituten", *Aus Wissenschaft und Leben*, Vol. I, pp. 41-64。

体系经过了精心设计以利用各种机遇，接受越来越多的政府支持也属于这类机遇之一。因为不愿意放弃任何扩张和多样化的机遇，大学承担了许多超出自身能力的任务（或者说超出任何当时的能力）。容忍这种做法据说已经导致一些资源的分配不当，并且可能加重了今天美国大学所遭受的痼疾。

根据涂尔干的“失范理论”，有可能解释德国19世纪80年代到1933年纳粹上台前的紧缩状态，以及美国今天的膨胀状态分别造成的后果。按这一理论，紧缩的危机和膨胀的危机一样都会引起社会的方向迷失和绝望，因为判断行为结果的既有标准，以及行动的手段和目标之间通常的关系，都丧失了它们的有效性。[①]它们之间的确存在这种平行的迹象。在德国，由于科学职业生涯的困难和前途未卜，职业科学家中存在着绝望、反叛以及无奈的顺从；而今天的美国，由于轻而易举地便可获得物质上的满足，却并不总是能够为科学和社会做出重大的贡献，科学家中也出现了目标丧失和不满情绪。

178

但我们必须牢记它们的差别。德国的问题起因，在于一个小型学者阶层的垄断地位损害了竞争性体系的运行。在美国，大学的现有痼疾，只是产生于社会和政治问题（如种族对立和越南战争）在大学里面造成了紧张局面之后。因此，尽管人们并不怀疑，德国的失范是在中央政府干预科学时期（始于19世纪70年代），科学体系的运行不完善造成的，但美国的失范只是在体系被政治和社会冲突削弱的时候才出现。

产生这种差异的原因在于，美国的体系具有更加适应研究任务的能力、更强的组织力量，以及更高效的分权。人们仍然不怀疑，在政府“填鸭式”的支持下，体系中的各单位被削弱。大学的领导

① E. Durkheim, *Suicide* (New York: Free Press, 1951), pp. 241-245.

阶层和科学共同体一样，一般来说丧失了很多权威，对中央政府的深远依赖，可能降低了大学连接科学研究的周边社会环境（如社群、家长、学生等）的能力。因此尚无定论的是，政府的支持趋向平稳后这个体系是否还能够恢复先前的主动性，以及它是否会更喜欢依靠政治压力来迫使政府为科学承担全部的责任。但无论结论如何，对德国和美国危机的阐释表明，它们不是由于分权竞争机制的内在弱点，而是因为出于军事优势和国家声望等含糊的考虑，中央政府对科学支持的猛然增加造成的损害。

5. 支持科学：实现目标的手段或目标本身

除了以上结论，还有其他一些考虑，对科学家越来越偏爱中央政府的支持提出了质疑。这种偏爱建立于假设之上，即由于科学的效益为大家共享，不能指望个人或地方性团体能够充分地支持科学。就基础科学而言，这一论点是正确的。但在任务导向型科学中，不能把中央政府看作整个社会的代表，因为它并不能履行社会的所有职能。如果科学研究主要地（或唯一地）依靠中央政府，就会过度地有利于中央政府的职能，而不是本应服务于各种各样的社会需求。例如，世界上大多数国家，在军事和农业研究方面的开支都要相对大于住房供给和环境卫生方面的开支，至少部分原因在于科学研究的境遇：像国防和农业属于中央政府的职能，而住房供给和环境卫生则属于地方政府的事务。 179

此外，社会从科学研究中获益的论点，没有考虑到这样的事实：科学本身已经成为一项重要的经济事业。今天的科学家作为一个利益集团，正在与其他利益集团竞争资源，甚至可能卷入阶级冲突。

一方面科学新近涉及中央政府、军事和一些工业部门的利益，另一方面科学家卷入阶级利益的冲突，这两方面都对科学的信仰构成威胁。尽管如本书所展示，很多对科学的支持都是出于别有用心的目的，但信仰科学最终的道德用途，还是建立在知识本身即是一种价值的信念之上。真实的情况是，科学对大多数人来说还是过于深奥难懂了。这种说法似乎与主张科学作为认知价值的重要性相矛盾，但在大量的实际经验支持下已经形成了一种信念，即科学方法能够被传授和广泛应用，它作为一种工具能够改善人类心智的发挥（尽管实际上有所不及）。

如果科学现在越来越被看作只在为某些利益集团服务，如果它越来越被与军事上的破坏性联系到一起，如果科学家被看作政府奢侈豢养的一个特权的“僧侣”群体，那么人们对科学价值的信仰就可能会被妒忌和怀疑侵蚀。当然，从科学的认知有效性角度来看，这些妒忌和怀疑是无关紧要的。但从科学目标本身就是创造科学上有效知识的角度看，这些妒忌和怀疑就会起作用。如果人们察觉到科学偏袒某些社会利益集团，科学家招人怨恨，那么人们可能会开始质疑寻找科学真理本身并用于改造世界的道德价值。这可能意味着科学文化的终结。

鉴于上述情况，科学家几乎完全依赖中央政府的支持，可能最终是一种短视的政策。尽管要改变这种依赖说起来容易做起来难，但科学研究可能必须寻求比目前更为广阔的支持和理解。像科学这种如此深刻影响每个人命运的事物，不能长期成为由专家、公务员和政客组成的小圈子的私事。

最后的几点思考又把我们带回社会的价值和兴趣同科学之间的关系问题上。如上一节提到，科学内在的兴趣和信念作为一种认知价值，难道真的是科学生存下去的必要条件？或者说，如果社会从整体上对科学的技术应用感兴趣，就是科学发展的充分条件吗？

180 初看之下，技术方面的动机似乎就足够了。在一些意识形态的明显与科学价值不一致的国家，如法西斯时期的意大利、纳粹德国、斯大林时期的苏联和帝国主义时期的日本，科学也能幸存并发展。[1]它们出于军事或技术方面的原因，开始接纳并维护科学，这种对待科学的方式与其他国家非常相似。而且，还有一些科学家，甚至很杰出的科学家，全心全意地支持专制政权。这体现了一般社会价值中的科学自主性，如此解释的论据是，自然科学和技术一样都是价值中立的。既然它可以被应用于任何类型的目的，它与任何价值体系都能够相容。

然而，这个论据是错误的。科学陈述的正确性的确与价值判断无关，但决定从事何种研究以及投入多少金钱，就需要从多种方案中做出选择，从而反映价值的尺度。政府压制过多种知识，却仍然支持科学，这样做只能是出于特别的原因。当一些现状无力改变，政府就有必要采取临时措施，如某些政府原则上接受了科学的价值观，并将这些价值观中越轨的部分合理化。在这些国家，科学家们所处的地位相对宽松，因为他们能够看到在自己的工作中“如实地”表达价值体系，截然不同于政治和经济实践中的弄虚作假和充满缺陷。这在苏联科学家的精神气质中似乎曾经是一项重要因素。苏联当前的科学状况可能实际上类似于法国在旧政权和拿破仑政权等不同时期的情况。人们对科学的热衷，可以很合理地从环境中找到原因：科学是唯一能够自发地表达自由、进步和创造性等广泛传播信念的

① 有关科学从威权政治中独立出来的陈述，见 Leopold Labedz, “How Free Is Soviet Science? Technology under Totalitrananism”, in B. Barber and W. Hirsch (eds.), *The Sociology of Science* (New York：The Free Press, 1962), pp. 129-141。随之一个相反观点的理论陈述，见 Robert K. Merton，“Sceince and Democratie Social Structure”, in *Social Theory and Social Structure* (New York: The Free Press, 1957), pp. 550-561。

文化追求领域。

法西斯和纳粹的意识形态中没有重大的科学主义因素。然而，在某种程度上，这些政权为了军事和技术的原因继续支持科学，加之文化和社会的惯性，科学主义作为一种价值观仍然保存下来，成为一些科学家的重要动力。他们可以把科学看作自由的神圣避难所，残暴的专制君主无法在这里发号施令。

由于科学的军事意义越来越重要，科学在现今的专制政权下得以幸存。这种军事上的重要性迫使专制政权对科学共同体保持很多克制，以避免自己在军事上落后于潜在的敌人。因此，斯大林主义末期物理学家和理论统计学家的相对自由，可能与苏联认识到这些领域的军事意义不无关系。然而，正如纳粹的政策以及李森科事件——苏联科学的整个分支（遗传学）被官方取缔，相关科学家遭到迫害——所表明，如果不是因为军事竞赛，这类政权下科学的前途实际上有可能非常悲惨。

181

6. 科学和社会价值观

在那些环境的活力能够自由展现的社会，可以从一些案例中更好地认识到科学活动与社会价值观之间的关系。在这些国家，科学和科学主义的社会价值观之间的关系似乎存在着周期性的变化。在某些时期，基础价值观的争议尚在潜伏，科学研究毫无疑问地被当作有价值的活动接纳，接下来的时期就会出现对科学主义价值观的异议，以及对科学重要性的贬低。浪漫主义是对启蒙运动的反动，两次世界大战之前的各种知识和意识形态思潮，如新浪漫主义、民族主义的民粹主义、法西斯主义等，都是属于这一类的例子。现在正处于从潜伏到质疑的转变时期。

这些周期产生的原因尚未进行系统的研究，但其根源从它们共同潜在的主题中显露，即科学在化解基本的人类忧虑和解决所有社会难题方面的无能让人们失去了耐心。这似乎与科学家很少承诺过解决所有这些社会问题也没关系。他们是肩负这项任务的人，因为即使他们没有任何的个人意图，科学也对所有的认知结构具有决定性的影响，人们则通过这些认知结构在宇宙、自然和社会中定位自己。科学的影响开始于推翻了过去把地球置于宇宙中心的《圣经》的和古典的天文学，接着科学又推翻了上帝创造地球和人类的观点。今天，由于科学对疾病的逐步征服，从而随之消除了人类长期以来的一项担忧和期待的根源（许多宗教实践都曾经聚焦于此）。科学还负责创造了控制能量以及改造整个自然环境的有力工具，它将以前对疾病的普遍担忧，替换为对人类整体灭绝的新焦虑，以及包括征服太空和控制人类的遗传天赋等新希望。

科学对社会和道德哲学的密切影响，直接后果就是人类认知图谱的不断变化。自 17 世纪以来，道德和哲学思想就开始了持续不断的科学化进程。在其一些最极端的表现中，科学主义的倾向甚至企图与宗教、传统智慧和哲学彻底决裂。它超出了认知的范围，并为了在所谓的科学基础上实现社会的乌托邦转型而奋斗（见第六章）。 182

现代社会反复出现道德危机的背景，就是承认了这种转型是不可能实现的。一方面传统宗教的真理标准被破坏了，另一方面又承认科学无法为全部的世界观（特别是有关道德的问题）提供可以替代的基础，这就为永无休止的道德－哲学的思辨和实验开启了大门。这种探索的内容在认知上已经被决定。但这种探索得到了一种社会机制的激励。重大的科学发现，出于这样或那样的理由，唤起了人们的乌托邦期待，即重新调整对世界的认识从而导致智力上的乐观主义高涨。人们热切地去学习、了解，提升自己和他们的世界。这就是 18 世纪法国牛顿物理普及之后发生的事情。20 世纪 40 年代后期和 50 年代人们相信科学的力量能解决所有的人类难题，这种乌托邦式的信念也导致了上述现象。说来奇怪，与其他原因相比，这种信念的形成更可能是由于“二战”中科学家制造了原子弹。这样就可以解释为什么这种乐观主义在日本的流传大大少于其他地方。在西方看来，原子弹的制造成为自由科学拯救自由世界的神话。而在日本，它从一开始就意味着灾难。

科学兴趣的高涨在外界和内部都受到挫折。外界的挫折是由于科学无法全部实现人们所期望它做的事情，特别是学生和知识分子们受到乌托邦式期望（而不是特定的目标）的鼓舞，却只能从他们的学习和求索中获得有限的道德和实践的收益。[①]

内部的挫折来自于道德 - 哲学的思辨，在任何智力兴趣高涨的时期都必然会开展这种思辨，部分地出于内在的哲学原因，部分地也回应了对智力成果的广泛大众需求。那些听说过牛顿力学或相对论的人们认识到，有些可能会冲击到他们生活的某些重要奥秘，用常识已无法洞悉，而只能通过科学来理解。这就动摇了他们对传统的信仰，使得他轻信一些世界观，这些世界观宣称已经借鉴最新的科学情况，成功地重新调整了人类的认知结构。这类理论层出不穷，因为将科学概念的一鳞半爪拿来漫无边际地应用，为建构准科学的哲学提供了许多机会，例如唯物主义、实证主义、社会达尔文主义以及其他各种“主义”。这些理论虽然不是科学，但它们的缺陷足以导致反科学歪理邪说的抬头，它们在逻辑上同样蹩脚。

① 对这种现象的一个有些夸张的解释，见 Joseph Schumpeter, *Capitalism, Socialism and Democracy* (London: Allen Unwin, 1952), pp. 152-153。

初看起来，这种发展似乎是难以避免的。思想和表达的自由是科学的基础，当这种自由对科学构成威胁时，我们也不能主张废除它。此外，通过这些思辨提出的问题似乎确实存在。科学无力创建一套道德体系，却要承担（至少是间接地）损害了道德的传统宗教基础的责任。从而在科学共同体的成员间也开始疑心科学探究在价值和道德上的正当性，导致他们中的一些人加入科学新价值的探寻者队伍。

183

然而，认为这一进程难免发生，事实上混淆了逻辑问题和将逻辑问题转化为道德危机的社会机制。我们的知识是有限的，这一情况并不必然导致一场危机。关于人类知识的局限性，没有人的推论比休谟更为极端，但无论是他还是他周围的知识分子，最后都没有得出道德危机的结论。像科学家和实践者一样，他们对结论的反应是询问自己，在新近发现的限度内还能做点什么。[①]

因此，通往道德危机的机制被触发，不是认知问题的自然结果，而是社会条件造成的后果。当经验主义的社会思想和社会行为获得机会和空间时，对科学和科学主义夸大的期望有所挫折，并不必然导致危机。在这种情况下，仍有可能将智力活动从不可能的任务重新定向到可能的任务。认识到科学并没有终极的答案，社会思想家便愿意承认传统（包括宗教传统）在维护道德秩序、提供各种经验等方面的重要性，那些都是科学所无法给予的。与准科学的哲学试图通过思辨来创建道德体系相比较，这种对待道德和宗教问题的方法更为符合经验科学的规范。尽管站在科学的立场上既不能反对也不能支持这种思辨，但科学行为的职业规范还是要求优先选取经验

① Shirley Letwin, *The Pursuit of Certainty* (Cambridge: Cambridge University Press, 1965), pp. 59-71.

上可以检验的问题，其次才是那些看似更为重要，却无法用经验验证的问题，而总是拒绝那些似乎不可解决的问题。

综上所述，追求科学而又不会反复引发道德危机的条件可能包括：

（1）政治条件，允许社会实验和多元性，包含全面体制改革的多种方法，不以暴力手段对待变革；

（2）不断努力将科学思想扩展到人类和社会事务中，从而阐明科学在认识上和社会上造成的急剧变革问题，并针对这些问题设计出经验上可以研究的步骤；

（3）科学家的职业规范应用于社会思想家，社会思想家为其增加了不得抛弃现有传统的戒律，除了某些在逻辑上和经验上有更好选择的特殊几点。

184

在缺失条件（1）的社会，条件（2）（3）中列明的社会思想也很难有发展起来的机会。结果在这些社会，科学热情的浪潮过后，接着就会流行起反科学主义、浪漫的非理性，甚至唯信仰论，对科学的存在构成真正威胁。但存在允许社会变革的条件，并不是发展出健全和有条理的社会思想的充分基础。社会的各项条件并不产生智力能力和道德责任，它们只是为其发挥作用提供了条件。

185

附　录

一、现在尚无令人满意的衡量科学产出的标准，但科学史学家几乎完全一致地认为存在科学的中心并且发生过数次转移，如本书所描述，17 世纪从意大利转移到英国，18 世纪后半叶从英国转移到法国，19 世纪中期转移到德国，接着在 20 世纪 30 年代后期转移到美国。[①]

某些历史学家对上述大纲的唯一分歧在于 19 世纪中期前后英国的地位。根据一些历史学家的观点，那时英国的科学进入了一个短暂的称雄时期。这一印象基于达尔文和麦克斯韦的卓越成就。[②]但无论是当时有关英格兰和法国科学状况的讨论，还是当时开展研究工作的科学家的传记，都表明到 19 世纪 50 年代，德国已被视为科学的中心。

之所以会产生英国称雄的印象，可能是由于当时的特殊情况。

---

① John Theodore Merz, *A history of European Thought in the 19th Century* (New York: Dover Publications, Inc., 1965), Vol. I, pp. 298-305; A. R. Hall, "The Scientific Movement and Its Influence on Thought and Material Development", in *New Cambridge Modern History*, Vol. X. pp. 49-51; and Chaps. 6, 7 and 8.

② H. I. Pledge, *Science Since 1500* (London: Her Majesty's Stationery Office, 1947), pp. 149-151.

186 当法国开始衰落而德国的优势地位尚未建立，英国这个自18世纪末以来一直保持科学上第二位置的国家，就显得相对引人注目。[①]有关指征可以从下表（见表1—表8）中找到。

二、这里复制了一些定量的指标，衡量已发表的论文数量、科学发现的数量以及发现者的数量。论文、人力和金钱可以被可靠地计数，而发现的认定要困难一些。但在论文的计数中，通常根据杂志的出版国来分配，这就会导致一些失真。大多数国家的人力数据直到不远的过去还无法得到，还涉及相关人数的定义问题。关于费用的历史信息也大多都散失了，而且因为定义上的问题使得比较难以进行。[②]

虽然如此，表1—表6和图1、图2还是为发生过的变革给出了一个看法，以及一个相当一致的图像。图3—图6试图表现科学传统在传播结构上的差异。

三、作为科学支出和人力增长的指征，表7按时间顺序列出美国的研发开支，及其与国民生产总值（GNP）相关的发展变化。到20世纪20年代，从绝对量，也可能从相对量（占GNP百分比）上看，科学方面的投入最多的国家是美国。在1930年，研发方面的投入量仍微不足道（1.6亿美元，占GNP的0.2%），说明直到那时，研究费用还不是科学增长的一个非常重要的决定性因素。

四、至于科学增长和经济增长之间的关系，在过去200年中英国和法国彼此相近，经济的长期增长率大致相同（每年1.25%）。但其中有一个时期，英国的经济增长率几乎可以肯定高于法国，就是

① 类似地，在20世纪30年代科学中心从德国转向美国期间，英国科学的地位也非常突出，见第七章的统计学史案例。

② 对该问题的系统讨论，见C. Freeman, "Measurement of Output of Research and Development: A Review Paper", UNESCO, January 1969 (stencil).

1780—1830年工业革命的第一个阶段，正好与法国在科学上占据霸主地位的时期相一致。1830—1860年，法国的经济增长率超过英国，但法国科学就在这一时期衰落（伴随着私人支持的理工教育的增长）。

在德国，科学和经济的增长大体同步。随着关税同盟的建立，从1834年开始的经济增长，19世纪70年代和80年代达到顶峰。总的来说与科学的增长相一致（参看第七章）。但这两种增长之间没有直接的联系。德国工业和经济的增长以英国为楷模，它只在“一战”前不久才赶上英国，而且从来没有达到美国所取得的地位。[①]1850年德国在科学方面超过了其他所有国家，这项发展成就没有模仿任何其他的国家。

五、表8展示了不同国家在研发方面的开支，从事研发的人力，诺贝尔奖获得者数量，以及占全世界物理和化学论文成果的贡献比例。可以看出，在投入和产出之间没有明显的关系。 187

表1 不同国家生理学领域的原创贡献数量（以5年为期）

时期	德国	法国	英格兰	美国	其他	不详
1800—1804	4	2	6	—	2	2
1805—1809	1	3	2	—	2	—
1810—1814	3	7	2	—	—	—
1815—1819	9	8	4	—	1	—
1820—1824	9	10	2	1	3	—
1825—1829	20	7	4	—	—	1
1830—1834	21	6	5	—	5	2
1835—1839	25	10	4	—	3	1
1840—1844	38	16	7	—	1	1

① 关于经济增长的描述基于 W. A. Cole and Phyllis Deane, “The Growth of National Income”, in *The Cambridge Ecomomic History of Europe*, Vol. Ⅳ, Part 1 (Cambridge: Cambridge University Press, 1966), pp. 10-25。

（续表）

时期	德国	法国	英格兰	美国	其他	不详
1845—1849	53	6	6	—	3	1
1850—1854	52	11	5	—	3	4
1855—1859	74	26	3	—	3	—
1860—1864	82	15	—	—	10	—
1865—1869	89	1	2	7	1	—
1870—1874	76	9	2	1	5	—
1875—1879	79	5	9	1	8	3
1880—1884	49	5	10	1	15	3
1885—1889	39	5	13	—	13	3
1890—1894	65	7	15	3	16	4
1895—1899	54	5	18	6	15	7
1900—1904	78	2	17	11	18	4
1905—1909	59	5	28	5	11	1
1910—1914	66	6	24	9	9	4
1915—1919	20	1	9	14	4	—
1920—1924	47	2	13	24	8	2

数据来源：A. Zloczower, *Analysis of the Social Conditions of Scientific Productivity in 19th Century Germany* (M.A. Thesis)，Jerusalem, the Hebrew University. 基于 K. E. Rothschuh, *Entwicklungsgeschichte Physiologischer Probleme in Tabellenform* (Muenchen and Berlin: Urban Schwarzenberg, 1952)

188

表 2 各国医学科学方面发现的数量，1800—1926

时期	美国	英格兰	法国	德国	其他	不详	总计
1800—1809	2	8	9	5	2	1	27
1810—1819	3	14	19	6	2	3	47
1820—1829	1	12	26	12	5	1	57
1830—1839	4	20	18	25	3	1	71
1840—1849	6	14	13	28	7	—	68
1850—1859	7	12	11	32	4	3	69

（续表）

时期	美国	英格兰	法国	德国	其他	不详	总计
1860—1869	5	5	10	33	7	2	62
1870—1879	5	7	7	37	6	1	63
1880—1889	18	12	19	74	19	5	147
1890—1899	26	13	18	44	24	11	136
1900—1909	28	18	13	61	20	8	148
1910—1919	40	13	8	20	11	7	99
1920—1926	27	3	3	7	2	2	44

数据来源：J. Ben-David, “Scientific Productivity and Academic Organization”, *American Sociological Review* (December 1960), XXV: 830. 基于 F. H. Garrison，*An Introduction to the History of Medicine*, 4th ed.（Philadelphia and London: Saunders, 1929）中的医学发现一览表

189

表 3 不同国家医学科学领域正在入职（25 岁）的发现者数量，1800—1910

年份	美国	英格兰	法国	德国	其他
1800	1	7	8	7	4
1805	1	8	5	8	2
1810	3	11	6	6	2
1815	2	12	12	7	3
1820	3	11	23	18	2
1825	2	17	15	18	6
1830	8	12	25	10	6
1835	11	13	26	29	7
1840	5	24	22	35	12
1845	5	14	13	33	5
1850	10	18	21	37	10
1855	15	16	20	49	27
1860	16	23	13	61	23
1865	25	15	36	71	26
1870	25	15	31	83	41

（续表）

年份	美国	英格兰	法国	德国	其他
1875	40	31	23	84	46
1880	48	17	40	75	50
1885	52	16	34	97	52
1890	43	11	23	74	41
1895	47	9	27	78	29
1900	32	9	17	53	30
1905	28	4	4	34	25
1910	23	6	7	23	18

数据来源：J. Ben-David, "Scientific Productivity and Academic Organization", *American Sociological Review* (December 1960), XXV: 832. Based on Dorland's Medical Dictionary (20th ed.)

190

表 4 心理学教科书中参考文献按语言划分的百分比分布

教科书	语言				
	全部	英语	德语	法语	其他
Ladd,《生理心理学原理》(*Elements of Physiological Psychology*, 1887)	100.0 (420)	21.1	70.0	7.4	0.5
Ladd and Woodworth,《生理心理学原理》(第2版, 1911)	100.0 (581)	45.6	47.0	5.2	2.2
Woodworth,《实验心理学》(*Experimental Psychology*, 1938)	100.0 (1735)	70.9	24.5	3.1	1.5
Woodworth and Schlosberg,《实验心理学》(第2版, 1954)	100.0 (2359)	86.1	10.9	2.5	0.5

数据来源：J. Ben-David and R. Collins, "The Origins of Psychology", *American Sociological Review* (August 1966)

191

表 5 英国、法国和德国的物理学发现数量

（每 5 年总计，包括热学、光学、电学和磁学）

时期	发现数量		
	英国	法国	德国
1771—1775	11	—	3
1776—1780	17	5	11
1781—1785	7	10	1
1786—1790	9	7	0
1791—1795	9	3	7
1796—1800	17	7	14
1801—1805	32	16	26
1806—1810	17	14	11
1811—1815	22	22	15
1816—1820	17	69	12
1821—1825	32	57	22
1826—1830	22	34	32
1831—1835	48	21	32
1836—1840	51	48	58
1841—1845	48	59	50
1846—1850	45	107	88
1851—1855	48	69	101
1856—1860	51	48	122
1861—1865	36	66	109
1866—1870	33	58	136
1871—1875	82	74	136
1876—1880	120	88	213
1881—1885	124	150	286
1886—1890	180	199	419
1891—1895	141	154	443
1896—1900	186	206	525

数据来源：T. J. Rainoff, "Wave-like Fluctuations of Creative Productivity in the Development of West-European Physics in the Eighteenth and Nineteenth Centuries", *Isis* (1929), 12: 311-313, Tables 4-6

192

表 6 科学领域诺贝尔奖获得者的国籍，1901—1966

	1901—1930	1931—1950	1951—1966
美国	5	24	44
比利时	1	1	—
加拿大	1	—	—
法国	14	2	4
德国	26	12	7
日本		1	1
荷兰	7	1	1
英国	16	13	18
苏联	2	—	7
其他国家	22	17	—

数据来源：*Encyclopedia Britannica* (ed. 1967), Vol. 16, pp. 549-551

表 7 美国研发开支及其与 GNP 的比较，选取 1930—1965 年中若干年份（单位：10 亿美元）

年份	GNP	全部研发支出	研发支出占 GNP 百分比
1930	90.3	0.16[1]	0.2
1935	72.2	—	
1940	99.6	0.34	0.3
1941	124.5	0.90[2]	
1945	212.0	1.52	0.7
1950	284.7	2.8[3]	1.0
1955	397.9	6.3	1.6
1960	503.7	13.7	2.7
1965	681.2	20.5	3.0

1. “Expenditure on Fundamental and Applied Research”，估测见 *Science: the Endless Frontier*, by Vannevar Bush (Washington, D. C.: U. S. Government Printing Office, 1945)

2. 本条数据来源：Department of Defense, Office of the Secretary: see *Statistical Abstract of the United States*, 1960, p. 538. F. Machlup 认为这些数字低于实际支出的 20%—30%。See *The Production and Distribution of Knowledge in the United States* (Princeton, N. J.: Princeton University Press, 1962), p. 156

3. 数据来源：OECD，*Reviews of National Science Policy, United States* (Paris: OECD, 1963), p. 30

表 8 若干国家的科学投入和科学产出的比较

	年份	研发开支（百万美元）	研发开支中基础和应用研究占百分比（不含开发）	具备资格的研发人员数量		诺贝尔奖，1951—1966	占世界论文产出的百分比	
				年份	数量		化学（1960）	物理（1961）
英国	1964/65	2155	38.6	1964/65	59415	18	16（含英联邦）	14
法国	1963	1299	51.2	1963	32382	4	5	6
德国	1964	1436	—	1964	33382	7	9	6
日本	1963	892	—	1963	114839	1	9	8
美国	1963/64	21323	34.5	1963/64	474900	44	28	30
苏联	1962	41300（百万旧卢布）		1962	416000（最低估值）487000（最高估值）	7	20	16

数据来源：OECD, *op. cit.*, 1967, pp. 14（Table 2）, 59（Table 3）; Joseph Ben-David, *op. cit.*, 1968, p. 26; Wallace R. Brode, “The Growth of Science and a National Science Program”, *American Scientist* (Spring-March 1962), 50:18. D. J. de Solla Price, “The Distribution of Scientific Papers by Country and Subject—A Science Policy Analysis”, Yale University

194

图 1《化学文摘》中世界全部论文成果的各国所占百分比，1910—1960

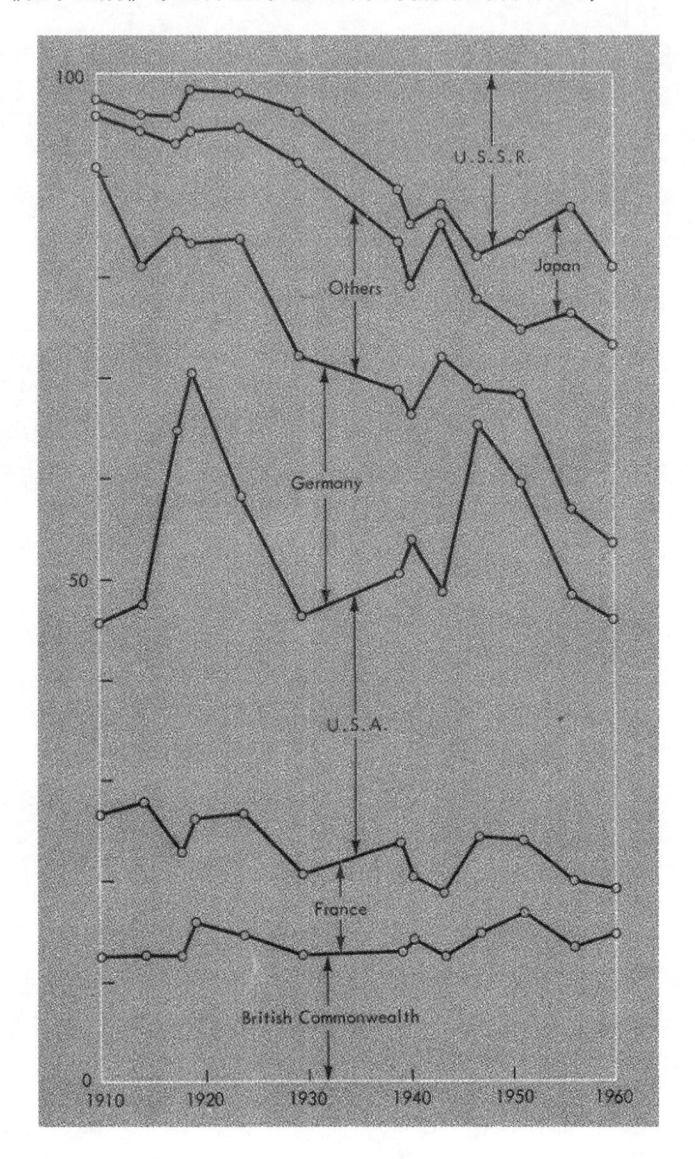

数据来源：Derek J. de Solla Price, *Little Science, Big Science* (New York and London: Columbia University Press, 1963) , p. 96

195

图 2 按国别划分的心理学领域年度平均出版物，1896—1955

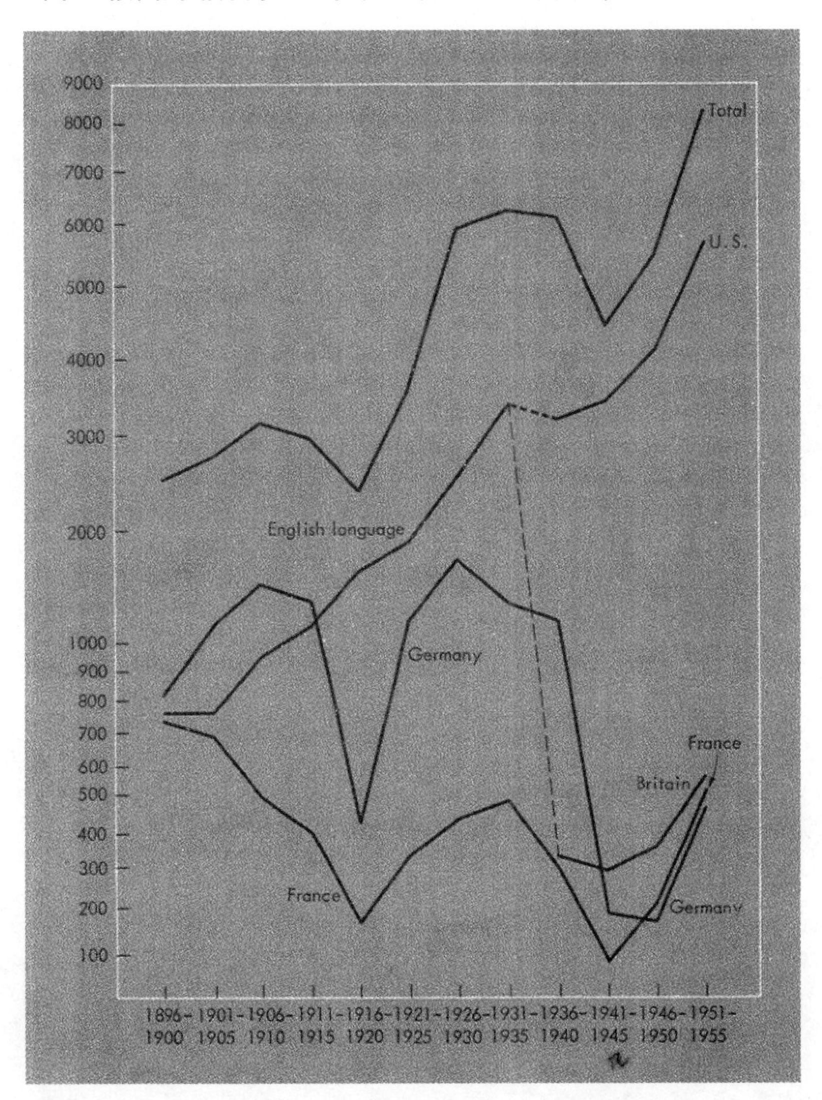

196

图 3 实验心理学的奠基人及其英国追随者，1850—1909

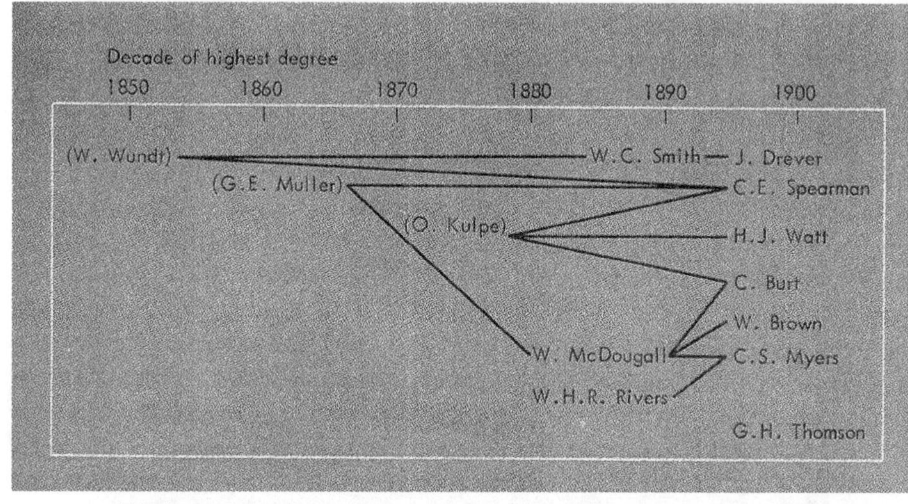

数据来源：J. Ben-David and R. Collins, “The Origins of Psychology”, *American Sociological Review* (August 1966), 31: 4, 457

图 4 实验心理学的奠基人及其法国追随者，1850—1909

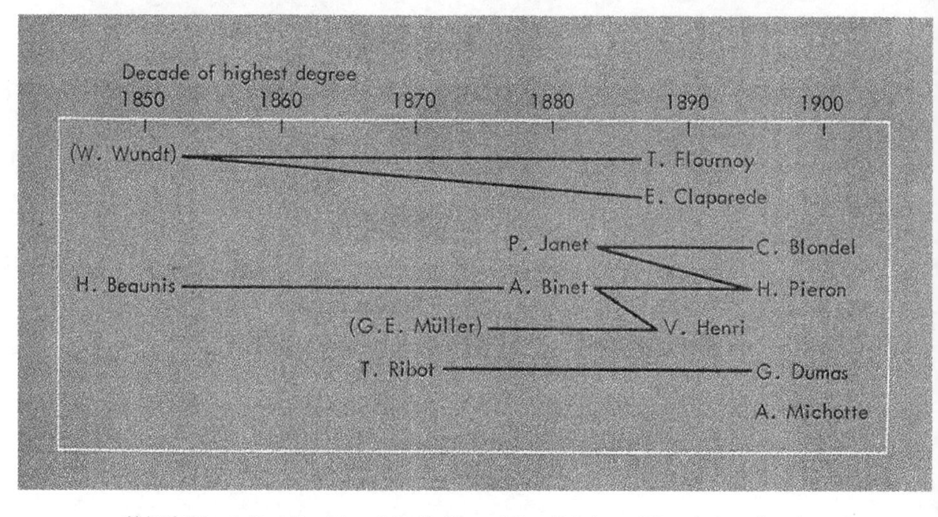

数据来源：J. Ben-David and R. Collins, “The Origins of Psychology”, *American Sociological Review* (August 1966), 31: 4, 457

197

图 5 实验心理学的奠基人及其德国追随者，1850—1909

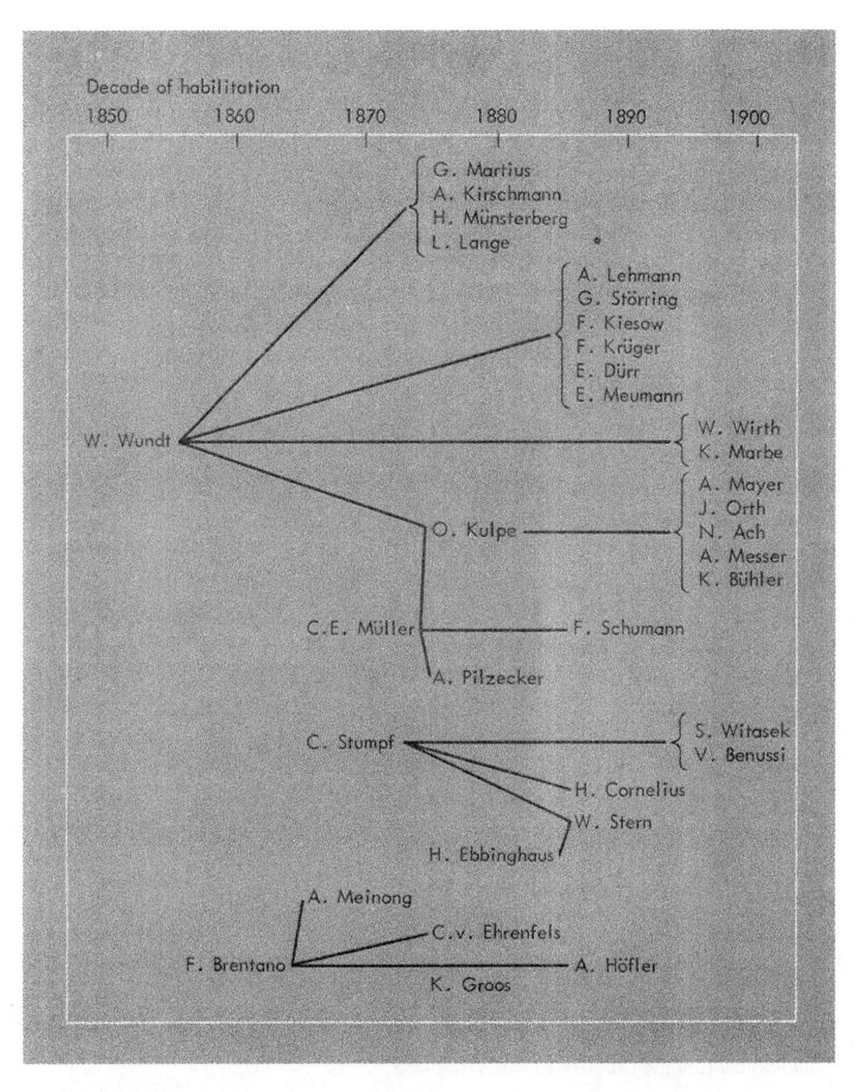

数据来源：J. Ben-David and R. Collins, "The Origins of Psychology", *American Sociological Review* (August 1966), 31: 4, 456

198

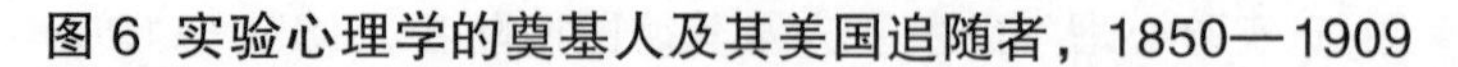

图 6 实验心理学的奠基人及其美国追随者，1850—1909

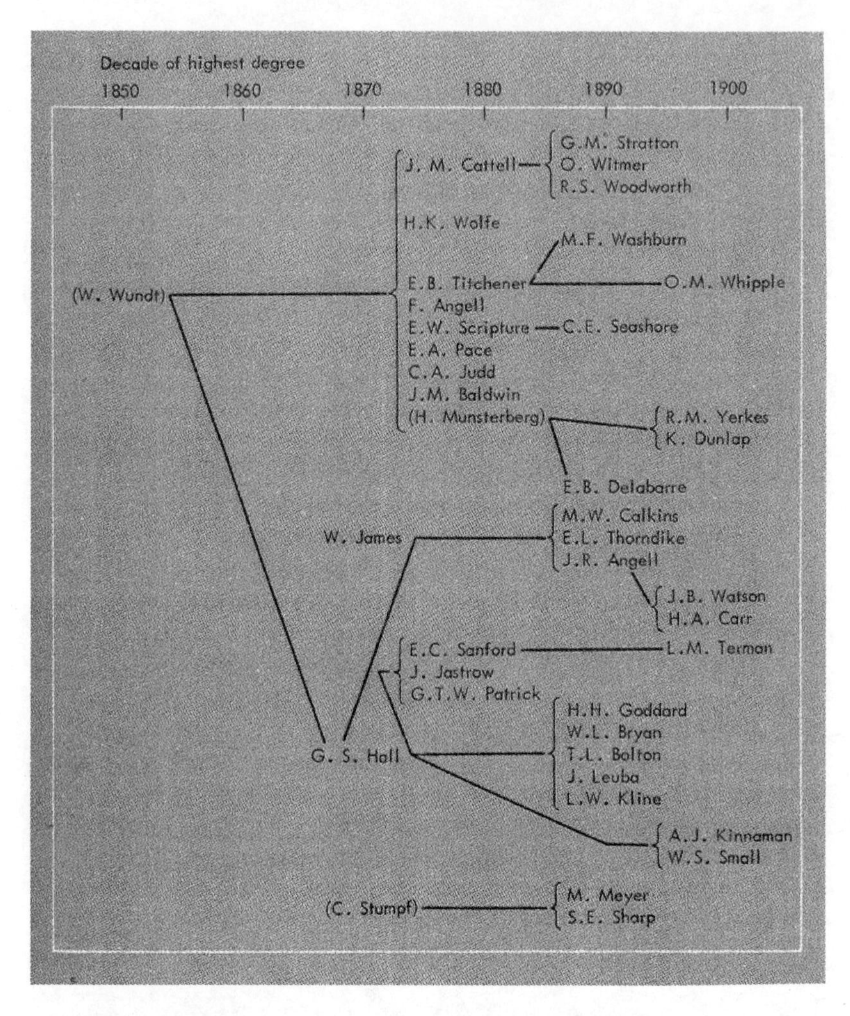

199 数据来源：J. Ben-David and R. Collins, "The Origins of Psychology", *American Sociological Review* (August 1966), 31: 4, 458

索 引